PFLANZENPHYSIOLOGISCHE PRAKTIKA

BAND IV

ÜBUNGEN ZUR WACHSTUMS- UND ENTWICKLUNGSPHYSIOLOGIE DER PFLANZE

VON

DR. ULRICH RUGE
o. PROFESSOR FÜR BOTANIK AN DER HOCHSCHULE
FÜR GARTENBAU UND LANDESKULTUR HANNOVER

DRITTE VERBESSERTE AUFLAGE

MIT 63 ABBILDUNGEN

SPRINGER-VERLAG BERLIN HEIDELBERG GMBH
1951

URSPRÜNGLICH ERSCHIENEN BEI SPRINGER-VERLAG OHG. BERLIN, GOTTINGEN AND HEIDELBERG 1951
SOFTCOVER REPRINT OF THE HARDCOVER 3RD EDITION 1951

ISBN 978-3-642-88553-2 ISBN 978-3-642-88552-5 (eBook)
DOI 10.1007/978-3-642-88552-5

Vorwort zur dritten Auflage.

Auch die zweite Auflage meiner „Übungen" war, wie die erste, schneller vergriffen als erwartet. Die Neuauflage zögerte ich jedoch bisher absichtlich hinaus, um eine gründlichere Überarbeitung vornehmen zu können. So finden sich in der vorliegenden Neuauflage eine größere Anzahl neuer Versuche, die mir wesentlicher erscheinen als die dafür gestrichenen. Auch 11 Abbildungen wurden neu aufgenommen und somit ihre Anzahl von 50 in der ersten Auflage auf 63 in der dritten Auflage erhöht. Ich hoffte, damit die Anschaulichkeit der Versuchsbeschreibungen sowie der -ergebnisse zu steigern. Ebenfalls überarbeitete ich den Text noch einmal eingehend und glaube, ihn damit weiter verbessert zu haben.

Mit besonderer Freude nahm ich die Neubearbeitung der 3. Auflage vor, da die „Entwicklungsphysiologischen Übungen" nicht mehr für sich isoliert, sondern, wie ursprünglich von mir erhofft, sich jetzt in den Rahmen der „Pflanzenphysiologischen Praktika" des Springer-Verlages einordnen. Ich hoffe, daß sie in dieser neuen Verbindung der theoretischen und angewandten Botanik noch stärkeren Nutzen bringen werden als bisher.

Zur Neuauflage ist es mir eine angenehme Pflicht, den verschiedenen Kollegen, vor allem aber Herrn Prof. Seybold, Heidelberg, dafür zu danken, mich auf einige Verbesserungsmöglichkeiten aus der 2. Auflage aufmerksam gemacht zu haben. Weiter danke ich nochmals Herrn Dr. Moewus, daß er meinen Entwurf zum Kresse-Test überarbeitete. Ebenso bin ich Herrn Kollegen Lakon für sein Einverständnis zu Dank verpflichtet, die Abbildung 1 nach einer vorgelegten Tafel umzeichnen zu können. Schließlich danke ich meinen Mitarbeitern im Institut sowie meiner Frau für die Hilfe bei der Korrekturarbeit.

Hannover-Herrenhausen, August 1951.

Ulrich Ruge.

Vorwort zur ersten Auflage.

Um das gesprochene Wort im naturwissenschaftlichen Unterricht verständlicher zu machen, ist in der Vorlesung der Demonstrationsversuch unbedingt erforderlich, der in den ergänzenden Übungen durch die eigene, praktische Erfahrung der Schüler vervollkommnet werden muß. Für den pflanzenphysiologischen Unterricht an den Hochschulen stehen uns an neuen Praktika im L. Brauner und S. Strugger sehr gute Anleitungen zu demonstrativen und den Stoff erläuternden Versuchen zur Verfügung. Sie stellen aber nur die Stoffwechsel- und Zellphysiologie dar und lassen die übrigen Gebiete unberücksichtigt. So fehlte bisher eine Zusammenstellung von entwicklungsphysiologischen Versuchen für den Hörsaal wie für das Praktikum. Dieser Mangel war um so bedauerlicher, als sich gerade diese Arbeitsrichtung der Pflanzenphysiologie heute eine besondere Stellung sowohl in der Forschung als auch im Unterricht errungen hat. Es war daher mein Wunsch, eine hier klaffende Lücke zu schließen und dem Unterrichtenden eine Sammlung von demonstrativen, leicht durchführbaren und sicheren Versuchen, dem Schüler dagegen eine praktische Anleitung für eigene Arbeiten in Fragen der Entwicklungsphysiologie der Pflanze in die Hand zu geben, vor allem aber diesem alten und doch heute wieder so jungen Gebiet neue, begeisterte Freunde zuzuführen. Mögen diese Wünsche durch das vorliegende Büchlein erfüllt werden!

Greifswald, im November 1942.

Ulrich Ruge.

Inhaltsverzeichnis.

III. Physiologie der Bioswuchsstoffe und des Vitamin B_1.

IV. Wundhormone, Polyploidie und Organkultur.

VII. Korrelation.

VIII. Symbiose und Avitaminose.

IX. Morphosen.

X. Reproduktive Phase der pflanzlichen Entwicklung.

XI. Physiologie der Resistenz und des Ruhezustandes.

XII. Anhang mit praktischen Hinweisen.

Einführung in das Praktikum.

Das vorliegende Büchlein soll eine allgemeine Übersicht über die Physiologie der Pflanzenentwicklung in praktischen Übungen geben. Dazu habe ich das Gebiet in folgende Kapitel unterteilt:

I. Keimung.
II. Längenwachstum und Wirkstoffe der Zellstreckung.
III. Physiologie der Bioswuchsstoffe und des Vitamins B_1.
IV. Wundhormone, Polyploidie und Organkultur.
V. Regeneration und Transplantation.
VI. Polarität.
VII. Korrelation.
VIII. Symbiose und Avitaminose.
IX. Morphosen.
X. Reproduktive Phase der pflanzlichen Entwicklung.
XI. Physiologie der Resistenz und des Ruhezustandes.

Damit ist die Entwicklung der Pflanze vom Samen zum ausdifferenzierten, befruchtungsfähigen Organismus in allen ihren wesentlichen Stadien dargestellt.

In jedem Kapitel sind die Versuche soweit wie möglich nach systematischen Gesichtspunkten geordnet. Wie das Inhaltsverzeichnis weiter zeigt, ist die Zusammenstellung so reichhaltig, daß der Leiter des Praktikums nach Belieben ihm besonders lehrreich erscheinende Experimente auswählen kann und nicht gezwungen ist, in jedem Kurs die gleichen Versuche durchführen zu lassen. Da die sog. „Wirkstoffe" heute vor allem interessieren und dieses Gebiet der Entwicklungsphysiologie wissenschaftlich vordringlich bearbeitet wird, habe ich hier absichtlich derartige Versuche sehr zahlreich zusammengestellt, ohne dabei aber die „alten" Versuche über die Korrelation und Morphosen zu vernachlässigen.

Zu jedem Versuch ist eine möglichst eingehende Beschreibung der Methodik gegeben, die genauestens beachtet werden muß. So finden sich in der Beschreibung der Versuche stets Angaben über günstige Objekte, deren Organe und Alter, über Anzucht und Kultur, über Versuchsdauer u. a. Sind in einem Versuch mehrere Objekte genannt, so aus dem Grunde, um eine größere Auswahl zu erlauben. Wenn möglich, soll der Praktikant alle Objekte heranziehen, um so das experimentelle Ergebnis auf breiteste Basis stellen zu können.

Für die Pflanzennamen habe ich neben den gebräuchlichen deutschen stets die lateinischen Bezeichnungen nach der neuesten Nomenklatur, wie sie von R. MANSFELD im „Verzeichnis der Farn- und Blütenpflanzen des Deutschen Reiches“, Jena 1940, gegeben wurde, angeführt. Darüber hinaus wurden soweit wie möglich die Nomenklatur-Regeln 1950 berücksichtigt.

Um unnötige Wiederholungen technischer Hinweise usw. zu ersparen, wird in den betreffenden Versuchen auf frühere verwiesen. Dort, wo die Darstellung der Methodik einen breiteren Raum beansprucht, wie z. B. bei der Keimung, Extraktion und Test der Zellstreckungs- und Bioswuchsstoffe, finden sich je ein oder mehrere allgemein methodische Versuche am Anfang der betreffenden Kapitel. Diese sollen es auch dem Praktikanten ermöglichen, aus sich heraus experimentell an Fragen heranzutreten, die entweder in diesem Praktikum nicht behandelt wurden oder überhaupt noch nicht untersucht sind.

Dem eigentlichen Praktikum angeschlossen ist ein Kapitel mit einer Zusammenstellung verschiedener praktischer Hinweise, wie Angaben über die Sterilisation von Nährböden, die Zusammenstellung von häufig angewandten Nährlösungen, die Konstruktion von Apparaten, die wir für die Durchführung des Praktikums unbedingt benötigen, u. a. Dieses Kapitel soll vor der Benutzung des Praktikums durchgesehen werden. Im Text wird sicherheitshalber aber bei den einzelnen Versuchen nochmals darauf hingewiesen.

Zur Erleichterung des experimentellen Arbeitens sind solche Versuche, die sachlich nicht unmittelbar zusammengehören, im Text also nicht direkt aufeinanderfolgen, dennoch aber aus praktischen Erwägungen gleichzeitig angesetzt werden können, durch einen Hinweis miteinander verknüpft.

Am Schluß einer jeden Versuchsbeschreibung ist das zu erwartende Ergebnis kurz angedeutet. Auf genaue, zahlenmäßige Angaben habe ich absichtlich verzichtet. Da dies Büchlein nur ein Praktikum und kein Lehrbuch darstellen soll, mußte auch eine eingehende, theoretische Ausdeutung der Versuche unterbleiben. Um diese jedoch jedem zu ermöglichen, findet sich bei den Versuchen, die es nötig erscheinen lassen, eine Literaturangabe, die im allgemeinen auf die letzte oder wichtigste Arbeit, in der die in dem Versuch erörterte Frage behandelt ist, hinweist. Weiter habe ich versucht, in den Einleitungen zu den einzelnen Kapiteln die wichtigsten, theoretischen Grundlagen zu dem behandelten Gebiet in wenigen Sätzen herauszustellen.

Als Lehrbücher der allgemeinen Pflanzenphysiologie, in denen auch die Entwicklungsphysiologie, allerdings immer nur sehr kurz und zum Teil auch nicht mehr dem heutigen Stand der Wissenschaft entsprechend, dargestellt ist, sind zu empfehlen: BENECKE, JOST: Pflanzenphysiologie, Bd. 2. Jena 1923. — BOYSEN-JENSEN: Die Elemente der Pflanzenphysiologie. Jena 1939. — KOSTYTSCHEW: Lehrbuch der Pflanzenphysiologie, Bd. 2. Von F. A. F. C. WENT. Berlin 1931. — STRASBURGER usw.: Lehrbuch der Botanik für Hochschulen. Stuttgart 1951.

Als spezielles Lehrbuch der Entwicklungsphysiologie der Pflanze, in dem die hier erörterten Fragen theoretisch zusammenhängend behandelt sind, nenne ich vor allem BÜNNING: Entwicklungsphysiologie der Pflanze. Berlin u. Heidelberg 1948.

Spezialfragen sind in folgenden Werken dargestellt: AVERY, JOHNSON: Hormones and Horticulture. New York 1947. — BOYSEN-JENSEN: Die Wuchsstofftheorie. Jena 1935. — KRENKE: Wundkompensation, Transplantation und Chimären bei Pflanzen. Berlin 1933. — LAIBACH, FISCHNICH: Pflanzen-Wuchsstoffe in ihrer Bedeutung für Gartenbau, Land- und Forstwirtschaft. Stuttgart 1950. — AICHELE, LEHMANN: Keimungsphysiologie der Gräser. Stuttgart 1931. — SCHAEDE: Die pflanzliche Symbiose. Jena 1943. — SCHLENKER: Die Wuchsstoffe der Pflanzen. München 1937. — WENT, THIMANN: Phytohormones. New York 1937.

Des weiteren verweise ich auf die Artikel im „Handwörterbuch der Naturwissenschaften", 1. und 2. Auflage, Jena, vor allem aber auf die Kapitel: „Physiologie der Organbildung" in „Fortschritte der Botanik", Berlin ab 1931, in dem jährlich die wichtigsten Arbeiten auf diesem Gebiet zusammenhängend referiert werden. Weiter sei auf die Artikel in: ABDERHALDEN, „Handbuch der biologischen Arbeitsmethoden", vor allem Abt. XI, hingewiesen.

Schließlich empfehle ich es dringend, die weiteren Bände dieser Reihe der „Pflanzenphysiologischen Praktika" zur Beantwortung methodischer oder fachlicher Fragen zu Rate zu ziehen.

I. Keimung.

A. Keimfähigkeit.

Der lufttrockene Same[1] stellt einen Ruhezustand der gesamten Pflanze dar, in dem der Organismus morphologisch noch weitgehend undifferenziert, aber doch in voller Entwicklungspotenz vorliegt. Durch die sehr starke Entquellung seiner sämtlichen Kolloide sind die Lebensprozesse hier zwar nicht völlig sistiert, aber doch so weitgehend eingeschränkt, daß die Atmung erst nach Anwendung feinerer Methoden nachweisbar wird. Aus dem gleichen Grunde besitzt ein solcher ruhender Same auch eine auffallend hohe Resistenz gegenüber der Einwirkung von Umweltsfaktoren (s. Vers. 139—141).

[1] Es wird in diesem einleitenden Kapitel allgemein von „Samen" gesprochen — auch dann, wenn im folgenden die Karyopsen der Getreidearten oder andere Fruchtformen oder selbst Pilzsporen gemeint sind. Da eine morphologisch richtige zusammenfassende Bezeichnung offensichtlich fehlt und der von mir in den ersten Auflagen verwendete Ausdruck der „Verbreitungseinheit" bereits für gänzlich andere Begriffe aus der Pflanzengeographie und -soziologie verwendet wird, bitte ich, mir diesen morphologischen Lapsus zu verzeihen.

Die Entwicklungsfähigkeit eines Samens, wie sie sich nach Erfüllung bestimmter Keimungsbedingungen (s. S. 13) zu erkennen gibt, ist nicht zu allen Zeitpunkten nach der Ernte gleich groß. Zunächst muß ein Same ausreifen, um voll keimfähig zu werden. Nach Abschluß dieser sog. Nachreife erreicht die Keimfähigkeit ihr Maximum und sinkt danach mit fortschreitender Lagerung langsam wieder ab. Stellen wir die Keimzahlen in Abhängigkeit von der Lagerungszeit graphisch dar, so ergibt sich jedoch keine eingipflige Kurve, sondern eine sich allmählich verflachende Wellenlinie. Für die landwirtschaftliche und gärtnerische Praxis ist es besonders wichtig, daß die Keimfähigkeit eines Saatgutes durch die Art der Lagerung, wie vor allem durch die im Lagerraum herrschende Temperatur und rel. Feuchtigkeit beeinflußt wird.

Um bei der Bestimmung der Entwicklungsfähigkeit, also der Keimfähigkeit von handelswichtigem Saatgut oder auch nur von dessen Vitalität, reproduzierbare Zahlenwerte zu erlangen, wurden amtliche Keimprüfungsbestimmungen herausgegeben, die in Vers. 1a und b kurz dargestellt sind.

Versuch 1. Keimprüfung:

a) Amtliche Keimprüfungsbestimmungen. Zur Prüfung des Saatgutes auf seine Keimungseigenschaften entnehmen wir von verschiedenen Stellen und aus verschiedener Tiefe der Gesamtmenge 20 gleich große Proben. Bei unseren Getreidearten sollen die einzelnen Proben 10 g, also die Gesamtprobe 200 g, bei kleineren Samen entsprechend weniger, bei größeren entsprechend mehr betragen.

Von diesem Untersuchungsmaterial bestimmen wir zunächst den Reinheitsgrad, und zwar getrennt für artfremde Bestandteile (Kultur- und Unkrautsamen, Sand, Erdbrocken) und arteigene Bestandteile (Spreu und Schmachtkörner = taube, ausgefressene oder ausgewachsene sowie äußerlich verletzte und dadurch keimunfähige Samen bzw. Früchte).

Die Bestimmung der Keimfähigkeit erfolgt an dem von den artfremden und arteigenen Bestandteilen abgetrennten, also gereinigten Saatgut in mindestens 4 Keimproben von je 100 Samen. Bei großen Samen, z. B. *Zea mays*, genügen viermal 50 Körner. Die Samen und Früchte dürfen beim Abzählen in keiner Weise ausgelesen werden.

Das nicht vorgequollene Saatgut bringen wir in eines der folgenden für die verschiedenen Samenarten jeweils vorgeschriebenen **Keimbetten:**

1. Starkes Filtrierpapier (kleine Samen von Gewürz- und Heilkräutern).
2. Reiner Quarzsand (Getreide, größere Leguminosen, Runkel- und Zuckerrüben).
3. Schälchen aus unglasiertem Ton (Gräser, Blumensamen und Klee).
4. Erde (*Collinsia*, *Iberis*, *Myosotis* u. a.).

Das Keimsubstrat wird mit reinem Brunnen-, Leitungs- oder Quellwasser angefeuchtet. Auf Sand und Erde ausgelegte Samen drücken wir etwas in das Substrat ein.

Stark quellende Samen müssen während der Quellung reichlich mit Wasser versorgt werden, danach aber gleich allen anderen Samen in einem wasserdampfgesättigten Raum weiter kultiviert werden. Abgesehen von gewissen Wasserpflanzen, ist zu große Feuchtigkeit schädlich. Benutzen wir Filtrierpapier als Keimbett, so muß meistens etwas mehr Wasser hinzugegeben werden als zu Sand. Das Keimbett wird mit einer Glasscheibe abgedeckt, dennoch soll aber stets ein Luftzutritt möglich sein.

Die **Keimtemperaturen** liegen im allgemeinen bei 15—20°. Für einzelne Samen sind Temperaturen von 8—12° vorgeschrieben. Bei einigen anderen, dann jedoch vorgequollenen Samen wirken sich auch Wechseltemperaturen von 6 Stunden täglich bei 30° und 18 Stunden bei 20° günstig aus, so vor allem für nicht nachgereifte Getreidearten. Für fast alle Gräser ist es vorteilhaft, während des Keimungsprozesses die Temperaturen über Nacht auf +10° absinken zu lassen. (Vers. 14e, 16a.)

Die Keimprüfungen führen wir bei den meisten Samen in beschränktem Tageslicht durch (Vers. 14).

Nach dem Auslegen der Samen bzw. Früchte in das Keimbett setzt nach bestimmter Zeit die Keimung ein. „Als gekeimt gilt jeder Same, der normale Keime und Keimwurzeln ausgebildet hat.“ Als **Keimfähigkeit** wird der innerhalb eines bestimmten Zeitraumes eingetretene Prozentsatz an gekeimten Samen oder Früchten bezeichnet. Dieser Zeitraum ist so bemessen, daß nach seinem Verstreichen mit keiner weiteren normalen Keimung gerechnet werden kann. Vordem ermitteln wir an Hand der Keimprozente wieder zu einem bestimmten Zeitpunkt die **Keimschnelligkeit** (= Keimenergie).

Die Keimschnelligkeit und -fähigkeit einiger wichtiger Samen bestimmen wir an folgenden Tagen (s. Tabelle S. 6).

Die Keimenergie und -fähigkeit erhalten wir als Mittelwerte aus je 4 Versuchen. In den Einzelversuchen sind bei hoher Keimfähigkeit des Saatgutes Abweichungen bis zu 10%, bei Saatgut mit einer Keimfähigkeit von 50% solche bis zu 15% im Maximum gestattet.

Für die Bestimmung der **Triebkraft** aller Samen außer denen der Koniferen wenden wir die Hiltnersche Ziegelgrusmethode an. Ein Zinkkasten mit einer Grundfläche von 100 qcm und 8 cm Höhe wird mit 275 g sterilem Ziegelgrus (Korngröße 2—3 mm) und 62,5 ccm Wasser beschickt. Auf dem angefeuchteten Grus legen wir je 100 Samen bzw. Früchte aus und überdecken diese danach mit der gleichen Menge des angefeuchteten Substrates. Wir halten danach die Kästen 14 Tage lang in einem verdunkelten Raum bei Zimmertemperatur.

	Bestimmung der Keimschnelligkeit	Keimfähigkeit
	nach Tagen	
Antirrhinum majus L.	5	10 ··· 21
Avena sativa L.	4	10
Beta vulgaris L.	7	14
Cannabis sativa L.	6	14
Cucumis sativus L.	5	14
Cucurbita pepo L.	5	14
Fagopyrum sagittatum Gilib.	4	10
Helianthus annuus L.	4	10
Hordeum vulgare L.	3	10
Lens culinaris Medik.	4	10
Lepidium sativum L.	4	10
Linum usitatissimum L.	3	10
Lupinus albus L. sowie die verwandten Arten	4	10
Medicago sativa L.	4	10
Melilotus albus Medik.	4	10
Mirabilis jalapa L.	—	10
Nicotiana tabacum L.	5	14
Oenothera biennis L.	—	14
Papaver rhoeas L.	3	10
Secale cereale L.	3	10
Sinapis alba L.	3	10
Trifolium pratense L. sowie die verwandten Arten	3	10
Triticum aestivum L.	3	10
Tropaeolum majus L.	5	14
Vicia faba L.	4	10
V. sativa L.	4	10
V. villosa Roth	7	21
Zea mays L.	4	14

Für die amtliche Prüfung des Saatgutes ist außerdem die Untersuchung folgender Punkte vorgeschrieben: Bestimmung des Tausendkorn- und des Volumengewichtes, der Korngrößenverhältnisse, der Mehligkeit und des Spelzengehaltes, der Echtheit bzw. Sortenreinheit, der Herkunft, des Gesundheitszustandes und des Wassergehaltes.

EGGEBRECHT, H.: Die Untersuchung von Saatgut. Radebeul. — Berlin: Neumann-Neudamm 1949. — Vgl. auch ABDERHALDEN: Handbuch der biologischen Arbeitsmethoden, Teil XI, 2a, S. 719 (H. C. Müller).

b) Biochemische Keimprüfung. Die in Vers. 1a besprochenen Keimprüfungsmethoden dauern für viele Zwecke zu lange und bringen auch sonst manche Nachteile. Um diese zu umgehen, ist u. a. die folgende Schnellmethode von LAKON ausgearbeitet worden, die streng genommen aber nur eine Bestimmung der Vitalität bzw. Entwicklungsfähigkeit der Samen darstellt. Jedoch stimmt diese mit der vordem besprochenen Keimprüfungsmethode sehr gut überein. Diese Methode bringt auch den Vorteil, daß noch nicht nachgereiftes Saatgut des Getreides in seiner endgültigen Keimfähigkeit erkannt wird.

Die biochemische Keimprüfungsmethode beruht darauf, daß bestimmte farblose Salzlösungen durch die lebende Zelle hydriert (reduziert) und damit gleichzeitig gefärbt werden. Tote Zellen sind zu dieser chemischen Umwandlung nicht imstande, bleiben also nach der Behandlung mit den Salzlösungen ungefärbt. Lediglich die lebenden Zellen färben sich an. Wir verwenden für diese Versuche eine 1proz. Lösung von 2, 3, 5-Triphenyl-tetrazoliumchlorid (Tetrazol der Fa. Bayer, Pflanzenschutzabteilung, Leverkusen), die bei einer Azidität von p_H 6 bis 7 im Dunkeln aufbewahrt, mehrere Monate wirksam bleibt.

Eine bestimmte Anzahl Weizen-, Roggen- und Gerstenkörner wird zunächst über Nacht für 6—18 Stunden in Leitungswasser vorgequollen. Danach präparieren wir mit Lanzettnadeln die Embryonen heraus und übergießen sie in kleinen Glasschälchen mit der Tetrazollösung. Im Dunkeln bei Zimmertemperatur ist die biochemische Reaktion nach 7—8 Stunden weit genug vorgeschritten, um die Bestimmung vornehmen zu können: Alle Embryonen, die nach dieser Zeit, gleichgültig in welcher Intensität, im Sproßteil und einer beliebig kleinen Partie der Wurzelanlagen karminrot gefärbt sind, sind entwicklungsfähig (Abb. 1).

Beim Hafer ist das Herauspräparieren der Embryonen und damit das Vorquellen nicht erforderlich. Die Körner werden quer durchschnitten und die von den Hüllspelzen befreiten, den Embryo enthaltenden Hälften direkt in die Tetrazollösung eingelegt. Nach 24, spätestens nach 48 Stunden erfolgt das Auszählen. Die Beurteilung der Keimfähigkeit ist die gleiche wie vor.

Beim Mais wird das Korn nach einer Vorquellung in der Weise der Länge nach durchschnitten, daß der Embryo medial halbiert ist. Je eine Hälfte wird dann mit der Versuchslösung vollständig übergossen. Das Ergebnis erhalten wir bereits nach 3—4 Stunden. Als keimfähig kann hier jeder Embryo angesprochen werden, von dem zumindest der Sproßteil einschließlich der sproßbürtigen Wurzelanlagen und das Scutellum tingiert sind.

Neben dem Tetrazol können für die biochemische Keimprüfungsbestimmung auch eine 1proz. Lösung des „Natriumbiselenits für Samenprüfung" der Fa. E. Merck (Rotfärbung für lebende Zellen) oder eine 1proz. Telluritlösung (Schwarzfärbung der lebenden Zellen) verwendet werden.

Hasegawa, K.: Jap. J. of Bot. **8**, 1 (1937). — Eidmann, E.: Forschungsdienst **3**, 448 (1937). — Thomas, B.: Z. Ges. Getreidewes. **25**, 133 (1938). — Lakon, G.: Ber. dtsch. bot. Ges. **57**, 191 (1939); **60**, 299 (1942); Handbuch d. landw. Vers. u. Forsch. Methodik, Methodenbuch **5**, 37 (1949).

Versuch 2. Einfluß des Nachreifegrades auf die Keimfähigkeit. Wir bestimmen die Keimfähigkeit und Keimenergie (Vers. 1a) frisch geernteter, noch nicht voll ausgereifter Früchte von *Zea mays* oder anderen

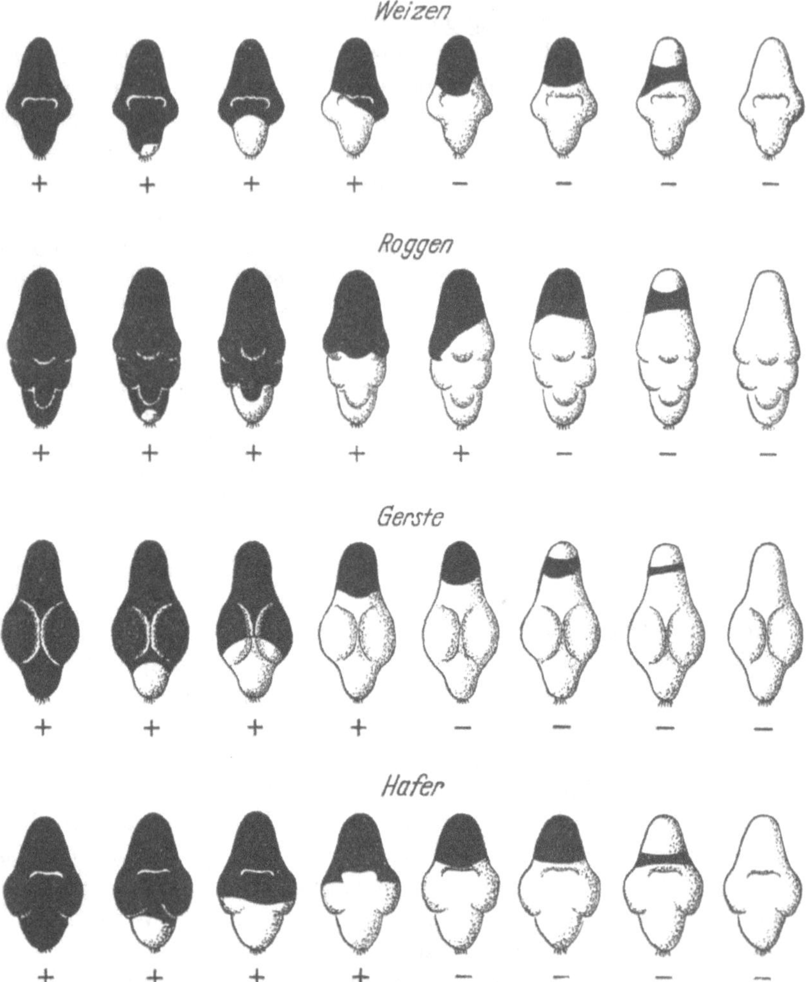

Abb. 1. Schematische Darstellung des topographischen Tetrazolium-Verfahrens nach LAKON zur Feststellung der Keimpotenz bei Weizen, Roggen, Gerste und Hafer. Die schwarz dargestellten Gewebe der freigelegten Embryonen sind nach der Behandlung mit Tetrazol rot gefärbt. + = Entwicklungsfähige Embryonen. – = Nicht entwicklungsfähige Embryonen. Zu Versuch 1 b. (Verändert nach LAKON.)

Getreidearten und Samen anderer Pflanzen. 1—2 Monate später wiederholen wir den Versuch mit dem nun abgelagerten und nachgetrockneten Material und stellen fest, daß die Keimfähigkeit inzwischen bedeutend gesteigert und die Keimzeit herabgesetzt ist. Weiterhin bestimmen wir zu den beiden genannten Zeitpunkten (direkt nach der Ernte und 2 Monate Lagerzeit) auch das 1000-Korn-Gewicht (vgl. Vers. 16a).

Versuch 3. Keimfähigkeit von Samen verschiedenen Alters. Je 200 Samen gleicher Art und Abstammung, aber möglichst verschiedenen Alters, legen wir in PETRI-Schalen auf angefeuchtetem Filterpapier zur Quellung aus.

Wir verwenden zu diesen Versuchen Samen und Früchte verschiedener

Getreidearten (Keimfähigkeit 2—4 Jahre),

Gemüse- und Gewürzpflanzen: Zwiebel u. a. Laucharten, Melde, Majoran, Thymian, Portulak, Mohn (Keimfähigkeit 1—3 Jahre), Kohl, Spinat, Senf, Bohnen, Erbsen, Linsen, auch Mimosen (Keimfähigkeit 5—8 Jahre),

Nadelhölzer[1]: *Juniperus*, *Taxus* (Keimfähigkeit ein halbes Jahr), *Abies*, *Cupressus*, *Biota* (1 Jahr Keimfähigkeit), *Picea*, *Larix*, *Pinus* (3—4 Jahre Keimfähigkeit), und schließlich

Laubbäume: Weide (1 Woche Keimfähigkeit), Roßkastanie, Ulme (ein halbes Jahr Keimfähigkeit), Birke, Weiß- und Rotbuche, Eiche, Esche, Linde (1 Jahr Keimfähigkeit) und Robinie (2 Jahre Keimfähigkeit).

Versuch 4. Beeinflussung der Keimfähigkeit durch Lagerung von Samen im wasserdampfgesättigten Raum. Mehrere gut keimfähige Getreidearten lagern wir für 5, 4, 3, 2 und 1 Monat bei Zimmertemperatur in einem wasserdampfgesättigten Raum und bestimmen nach Ablauf dieser Zeit den Keimungsverlauf wie die Keimfähigkeit der Karyopsen. Führe zu diesen Versuchen je eine Kontrolle mit den gleichen Getreidearten durch, die in der entsprechenden Zeit in einem lufttrockenen Raum aufbewahrt wurden.

Den zu diesem Versuch notwendigen wasserdampfgesättigten Raum schaffen wir uns, indem wir in eine größere Schale Wasser füllen und auf dem Wasser eine offene PETRI-Schale schwimmen lassen, die mit dem zu untersuchenden Saatgut beschickt wurde. Die äußere Schale wird dann mit einer Glasplatte abgedeckt.

Wir stellen fest, daß die Keimfähigkeit der Samen nach Lagerung in einem wasserdampfgesättigten Raum je nach der Versuchsdauer bedeutend nachläßt.

Versuch 5. Einfluß der Trockentemperatur auf die Keimfähigkeit von feucht gelagerten Samen. Verschiedene Getreidearten lagern wir 14 Tage lang in einem wasserdampfgesättigten Raum (s. Vers. 4), trocknen dann je eine Probe von 200 Karyopsen während 24 Stunden bei 20, 30, 40, 50, 60, 70, 80° in einem Thermostaten. Bestimme nun die Keimfähigkeit der verschiedenen Proben und vergleiche sie mit der unbehandelter Getreidekörner.

Das Trocknen feucht gelagerter Samen bei höheren Temperaturen erniedrigt die Keimfähigkeit der Samen sehr.

---

[1] Um die Samen der Nadelhölzer schneller zum Keimen zu bringen, ritzen wir die Samenschalen mit einer scharfen Nadel an.

B. Fermentaktivierung während der Keimung.

Mit der Einleitung der Keimung müssen die im Samen gespeicherten Reservestoffe mobilisiert werden (Vers. 9a—c), damit der ernährungsphysiologisch zunächst noch nicht selbständige Keimling die nötigen Aufbaustoffe erhält. Zum Abbau der Reservestoffe ist aber zunächst die Aktivierung der Fermente nötig (Vers. 8). Im Zusammenhang damit stehen interessante, zytologische Veränderungen in bestimmten Zellen der Getreidekörner, die uns zeigen, daß diese Zellen bei der Einleitung der Keimung zu Drüsenzellen werden (Vers. 6, 7).

Versuch 6. Zytologische Veränderung der Scutellum-Zellen während der Keimung. Durch den Embryo eines Weizenkorns, das 1—2 Stunden vor der Präparation in Wasser eingequollen wurde, um so das Schneiden zu erleichtern, stellen wir uns einen medianen Längsschnitt her und zeichnen bei stärkerer Vergrößerung möglichst mit Hilfe eines Zeichenapparates einige Zellen aus dem Scutellum heraus. Einen entsprechenden Schnitt führen wir durch ein Weizenkorn, bei dem die Keimung bereits eingeleitet ist, und zeichnen auch hier Zellen des Scutellums. Vergleiche nun in beiden Darstellungen Länge und Breite der Zellen aus dem Schildchen (Abb. 2).

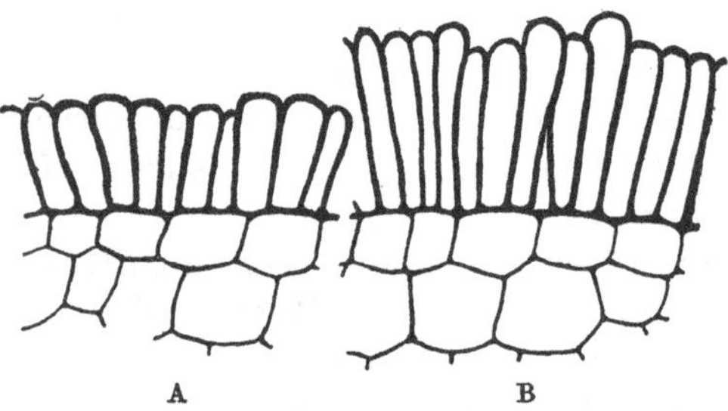

Abb. 2. Schnitt durch das Scutellum ungequollener (A) und gequollener (B) Weizenkörner. Zu Versuch 6. (Orig.)

SACHS, J.: Bot. Ztg **20**, 145 (1862). — MATLAKOWNA, M.: Anz. Akad. Wiss. Krakau, math.-naturwiss. Kl., Reihe B **1912**, 405.

Versuch 7. Zytologische Veränderung in der Aleuronschicht während der Keimung. Wir stellen uns dünne Querschnitte durch das Endosperm 1—2 Stunden vor der Präparation zur Erleichterung der Schnittführung mit Wasser infiltrierter Weizenkörner her und zeichnen bei stärkerer Vergrößerung einige Zellen der Aleuronschicht heraus. Diese sind mit zahllosen kleinen Aleuronkörnern vollgepfropft. Vom Protoplasten und einem Zellkern können wir am ungefärbten Präparat nichts erkennen.

Nun vergleichen wir dieses Bild mit dem der Aleuronzellen aus einem Weizenkorn, bei dem die Keimung bereits weitgehend eingeleitet ist und die Würzelchen wie die Primärblätter schon vor mindestens 12 Tagen hervorbrachen. In diesen Zellen finden wir keine oder nur sehr wenige Aleuronkörner, dafür stellen wir dort aber einen dicken Protoplasmaschlauch mit einem großen Zellkern fest, zwei Tatsachen, die darauf hinweisen, daß die Aleuronzellen während der Keimung zu

Drüsenzellen umgebildet wurden. In der Tat spielen die Aleuronzellen nach unseren bisherigen Erkenntnissen auch eine sehr große Rolle bei der Aktivierung von Fermenten und Wirkstoffen während des Keimungsprozesses.

HABERLANDT, G.: Physiologische Pflanzenanatomie. Die Sekretionsorgane und Exkretbehälter. Leipzig: W. Engelmann 1924.

Versuch 8. Amylasegehalt ruhender und gequollener Samen. In 3 PETRI-Schalen gießen wir bis zu einer Höhe von 2—3 mm Stärkeagar aus, den wir nach folgenden Angaben zubereiten: 2 g Agar werden in 100 ccm Wasser durch Erwärmen auf einem Wasserbad gelöst. Dazu geben wir 10 ccm einer Stärkelösung, die wir gewinnen, indem wir 1 g Kartoffelstärke in 15 ccm kaltem Wasser aufschwemmen und dann langsam in 85 ccm heißes Wasser gießen.

Ist der Agar in den Schalen erstarrt, legen wir darauf in der I. Schale ungequollene, in der II. mehrere Tage vordem eingequollene, halbierte Maiskörner mit ihren Schnittflächen nach unten aus. Auf den Agar in der III. Schale träufeln wir einige Tropfen einer 1 proz. Amylaselösung. Die PETRI-Schalen werden nun bei 5—10° unter einen Glassturz neben ein kleines, offenes Gefäß mit Nelkenöl gestellt, um die Entwicklung von Schimmelpilzen und Bakterien zu verhindern (s. Anhang S. 141).

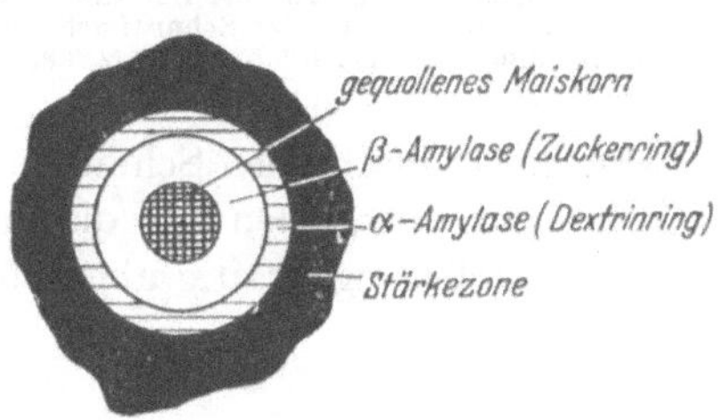

Abb. 3. Diffusion von α- und β-Amylase in Stärke-Agar. Zu Versuch 8. (Orig.)

Zwei bis drei Tage nach dem Ansetzen der Versuche nehmen wir aus den beiden Schalen die Maiskörner heraus und tupfen von der dritten die Tropfen der Amylaselösung mit Filtrierpapier ab. Nun übergießen wir den Agar der 3 Schalen mit einer verdünnten Jod-Jodkaliumlösung, die die Stärke blauschwarz, Dextrine violett tingiert, Zucker als Monosaccharide dagegen nicht anfärbt. An den Stellen, wo Amylase auf die Stärke einwirken konnte, wurde sie während der Versuchszeit zu Zuckern abgebaut. Diese Stellen bleiben daher nach der Jod-Jodkalium-Behandlung ungefärbt, während sich die gesamte andere Fläche tiefblau tönt.

Konnte das Enzym längere Zeit bei niederen Temperaturen auf die Stärke einwirken, so erkennen wir nach Behandlung des Agargels mit Jod-Jodkalium an der Stärke-Zuckergrenze einen schmalen, violett gefärbten Ring, der also Dextrine enthält und auf das Vorhandensein von mindest zwei verschiedenen Amylasen, der α-Amylase (Dextrinierungsamylase) und der β-Amylase (Verzuckerungsamylase) hinweist (Abb. 3).

KLINKENBERG, G. A. VAN: Proc. Kon. Akad. Wetensch. Amsterdam **34**, 893 (1931).

Versuch 9. Mobilisierung der Reservestoffe während der Keimung:

a) Mobilisierung der Stärke im Endosperm. Wir untersuchen und zeichnen die Stärkekörner aus dem Endosperm ungequollener Weizenkörner und vergleichen sie mit denen aus dem milchigen Saft von 10 ··· 14 Tage alten Keimlingen. Während der Keimung wird die Stärke „korrodiert", d. h. von bestimmten Stellen ausgehend, zu Zucker abgebaut.

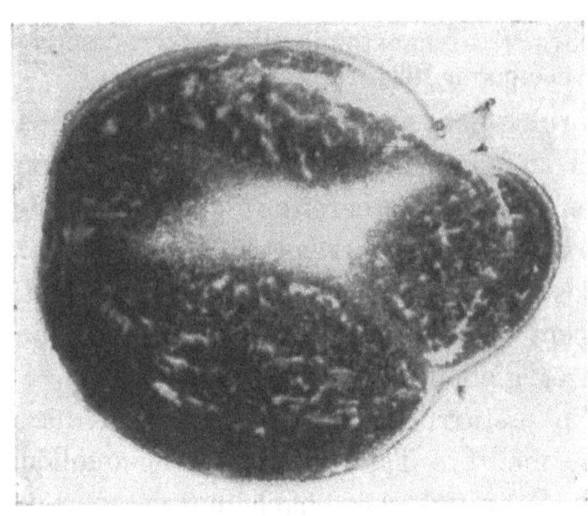

Abb. 4. Querschnitt durch eine treibende Kartoffelknolle nach Behandlung der Schnittfläche mit Jod-Jodkalium. Zu Versuch 9 b. (P. METZNER, Orig.)

b) Mobilisierung der Reservestärke in einer treibenden Kartoffelknolle. Wir schneiden eine Kartoffelknolle, die ihre Ruheperiode abgeschlossen und die ersten Stolonen bereits getrieben hat, mit einem Messer der Länge nach durch. Den Schnitt führen wir so, daß er mehrere „Augen" trifft. Nun übergießen wir die Schnittfläche, nachdem wir sie unter der Wasserleitung kräftig abgespült haben, mit einer verdünnten Jod-Jodkaliumlösung und stellen dann fest, daß die Blaufärbung des Gewebes in der Umgebung der Augen und Leitbündel unterbleibt, daß hier also die Stärke bereits mobilisiert wurde (Abb. 4).

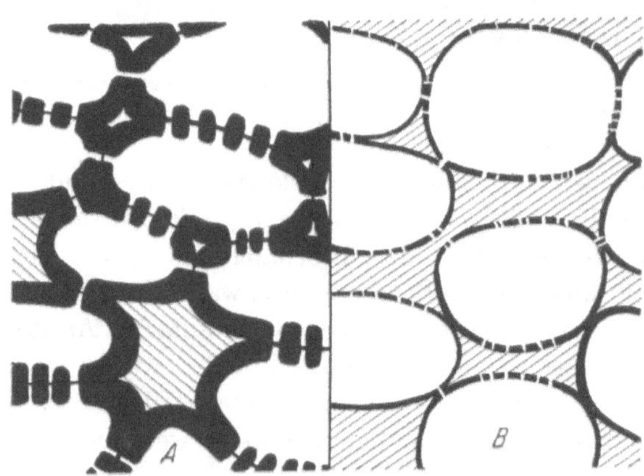

Abb. 5. Querschnitt durch ein Keimblatt von *Lupinus albus*. A. aus einem Samen, B. von einem 3 Wochen alten Keimling. Zu Versuch 9 c. (Orig.)

Dieser an sich sehr demonstrative Versuch zeigt das Ergebnis allerdings nicht bei jeder Kartoffelsorte so deutlich wie in Abb. 4 dargestellt.

c) Mobilisierung der Reservehemizellulose. Wir fertigen uns mikroskopische Schnitte durch die Kotyledonen von *Lupinus albus*, die zur besseren Schnittführung einen Tag in Wasser vorgequollen sind, an und färben diese mit Jod-Jodkalium. Es treten die Membranverdickungen deutlich hervor, die Hemizellulose enthalten (Abb. 5A).

Zum Vergleich behandeln wir Schnitte durch die Kotyledonen 2 bis 3 Wochen alter Keimlinge mit Jod-Jodkalium und stellen hier fest, daß die Membranen bedeutend dünner geworden sind, die Hemizellulosen während der Keimung also abgebaut wurden (Abb. 5B).

Andere sehr günstige Objekte zur Demonstration des Abbaues der Reservehemizellulose während der Keimung sind *Impatiens balsamina* und *Tropaeolum majus*.

C. Keimungsbedingungen.

Zur Einleitung der Keimung sind bei vielen Samen nicht allein die Aufnahme von Wasser (Vers. 10a—c) und Sauerstoff (Vers. 12a, b) bei optimaler Keimungstemperatur (Vers. 13) erforderlich, sondern auch das Einwirken von Kälte und Licht bzw. Dunkelheit (Vers. 14a—f). Weitere Versuche haben gezeigt, daß in verschiedenen Samen keimungshemmende Systeme enthalten sind, die vor Einleitung der Keimung in ihrer physiologischen Wirkung überwunden werden müssen (Vers. 15a bis g). Da die Keimfähigkeit und -energie eines Saatgutes oft sehr gering sind, haben sich viele Untersuchungen damit beschäftigt, die Keimung zu stimulieren. Einige derartige Bemühungen sind in Vers. 16a bis d dargestellt.

Versuch 10. Wasseraufnahme durch die Quellung der Samen:

a) Gravimetrische Bestimmung. Eine größere Menge Erbsenkörner wägen wir im lufttrockenen Zustande und wiederholen die Wägung nach 1-, 2-, 4-, 6-, 12-, 24- und 48stündiger Quellung. Vor jeder Wägung müssen die Samen mit Filtrierpapier von dem anhaftenden Wasser befreit werden. Trage die gefundenen Werte für die Gewichtszunahme in Abhängigkeit von der Quellungszeit auf.

Den vorstehenden Versuch wiederholen wir nun mit Kohl, Hirse und Weizen, um auch für diese Arten den Quellungsverlauf aufzeichnen zu können. Diese graphische Darstellung zeigt, daß die Hirsesamen den Endquellungsgrad nach einer wesentlich geringeren Gesamtwasseraufnahme erreicht haben, als z. B. die Erbsen, die extrem viel Wasser beanspruchen.

Die Quellungskurve des Kohls zeichnet sich dagegen dadurch aus, daß hier die Quellung sehr schnell einsetzt.

Bei den kleinsamigen Sorten ist es nicht ratsam, zu den jeweiligen Wägungen die Samen mit Filterpapier trocken zu reiben. Es würde dies zu viel Zeit beanspruchen und dabei gleichzeitig doch zu viel Saatgut verlorengehen, um die sich wiederholenden Messungen mit genügender

Genauigkeit fortführen zu können. Besser kommen wir zum Ziel, wenn die Quellung in Bechergläsern durchgeführt und das überschüssige Quellungswasser zur jeweiligen Messung mehrmals scharf abdekantiert wird.

b) Volumimetrische Bestimmung. Gleiche Gewichtsmengen von Erbsensamen geben wir in 2 Mensuren. Die Samen aus dem einen Gefäß werden 24 Stunden in eine flache Schale mit Wasser zum Quellen gelegt, danach das Wasser abgegossen und die Erbsen nach kurzem Abtrocknen zwischen Filtrierpapier in die Mensur zurückgegeben. Darauf überschütten wir die gequollenen und nicht gequollenen Samen in beiden Meßzylindern mit einer bestimmten Menge Xylol oder Benzol und bestimmen das Gesamtvolumen von Erbsen + Benzol in Kubikzentimetern. Subtrahieren wir nun von diesen Zahlen jeweils die Anzahl der Kubikzentimeter Benzol, die wir zu den Erbsen gaben, dann erhalten wir das Volumen der gequollenen bzw. der lufttrockenen Samen. Die Differenz dieser beiden Werte gibt uns die Volumenzunahme der Samen während der 24stündigen Quellung an. Drücke den Wert in Prozent des Anfangsvolumens aus.

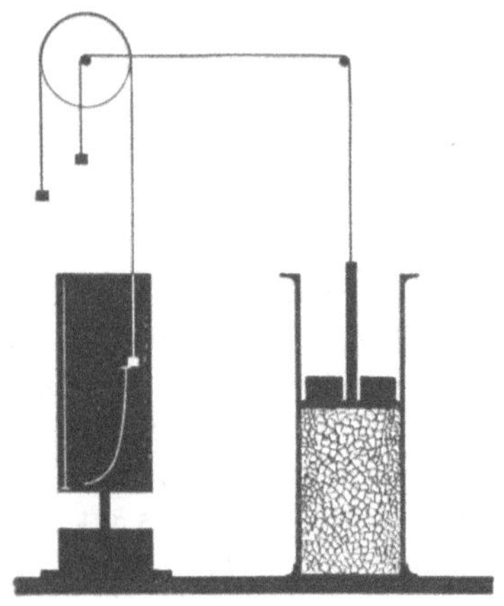

Abb. 6. Bestimmung des Quellungsverlaufes von Samen mit Hilfe eines Auxanographen. Zu Versuch 10c. (Orig.)

c) Bestimmung des Quellungsverlaufes. Ein dickwandiger Glaszylinder wird zu einem Drittel mit Erbsen gefüllt. Dann stellen wir auf die Samen einen mit einem Bleiring beschwerten Stempel, der der Innenwand des Zylinders locker anliegt. An dem Stempel befestigen wir einen Faden mit Gegengewicht und Schreiber, der zu der Aufhängevorrichtung eines Auxanographen (8-Tage-Werk) führt. Ist die Apparatur an einem erschütterungsfreien, möglichst temperaturkonstanten Ort aufgebaut, geben wir in den Zylinder reichlich Wasser und stellen nach 8 Tagen den Quellungsverlauf fest (Abb. 6).

Der Schreiber hat in dieser Zeit eine S-Kurve auf das berußte Glanzpapier (s. S. 28) der Auxanographentrommel aufgezeichnet.

Versuch 11. Keimung und Hydratur (Quellungsgrad). Wir wiederholen den Vers. 10a mit Hirse, Kohl, Weizen und Erbsen und brechen die Quellung jeweils ab, wenn die Samen von

Hirse	30%
Kohl	30, 60%
Weizen	30, 60%
Erbsen	30, 60, 100%

des Trockengewichts an Quellungswasser aufgenommen haben. Die in der vorgeschriebenen Weise vorgequollenen Samen kommen dann ohne Filterpapier in abgedeckten Schalen in einen Keimschrank.

Nach 5 und 8 Tagen bestimmen wir die Keimzahlen und beobachten, daß lediglich die Hirse nach einer absoluten Wasseraufnahme von 30% des Trockengewichtes zur Keimung kommt. Weizen und Kohl benötigen dagegen einen Wassergehalt von mindestens 60%, um die Keimung einzuleiten, während die Erbsen erst nach einer Wasseraufnahme von 100% voll zur Keimung kommen.

Diesem Versuch entnehmen wir, daß für die Auslösung der Keimung — und Entsprechendes gilt auch für alle anderen physiologischen Prozesse — nicht das Mengenverhältnis des Wassers zur Trockensubstanz ausschlaggebend ist, sondern daß es vielmehr darauf ankommt, welcher „Wasserzustand" (Quellungsgrad, Hydratur) mit dem zur Verfügung stehenden Wasser erreicht werden konnte. (Vgl. auch Vers. 22 und 23, 139, 140.)

WALTER, H.: Die Hydratur der Pflanze. Jena: Fischer 1931; Grundlagen des Pflanzenlebens Bd. 1. Stuttgart: Ulmer 1950.

Versuch 12. Notwendigkeit des Sauerstoffes zur Keimung:

a) Keimung unter Sauerstoffabschluß. In einem Raum, der durch eine alkalische Pyrogallollösung (s. Anhang S. 151) sauerstofffrei gehalten wird, legen wir auf angefeuchtetem Filtrierpapier Weizen oder andere Samen zur Keimung aus. Zum Vergleich wird ein entsprechender Versuch in sauerstoffhaltiger Atmosphäre angesetzt.

Während in dem letzten Versuch bald die Keimung einsetzt, unterbleibt diese bei Sauerstoffabschluß. (Vgl. Vers. 145.)

b) Keimung von Samen unter Wasser. Wir infiltrieren Hafer- oder Weizenkörner im Vakuum mit Wasser so lange, bis sie darin untersinken. Eine Portion dieser Karyopsen legen wir nun in hohen PETRI-Schalen aus und übergießen sie mit einer 4—5 cm hohen Wasserschicht. Darauf überschichten wir das Wasser mit erwärmtem Paraffinum liquidum, das mit Fettponceau angefärbt wurde, um so einen besseren Sauerstoffabschluß zu erreichen. Die Karyopsen der anderen Serie sollen dagegen nur bis zur Hälfte von Wasser bedeckt sein.

Bestimme in beiden Versuchen nach 4—6 Tagen die Keimprozente.

Versuch 13. Bestimmung der Kardinalpunkte der Keimtemperatur. Wir bestimmen die höchsten (Maximum-) und tiefsten (Minimum-) Temperaturen, bei denen noch gerade eine Keimung erfolgt, sowie die Temperatur, bei der die Keimung am besten (optimale Temperatur), also auch am schnellsten eintritt, für folgende 2 Gruppen von Kulturpflanzen:

1. Gerste, Hafer, Roggen, *Lepidium sativum*: sie werden bis in die kalten Regionen kultiviert.

2. Melone, Kürbis, Gurke: sie sind in den warmen Regionen der Erde beheimatet.

Zu diesem Versuch wählen wir in einem Dunkelthermostaten (siehe S. 154) die Temperaturintervalle von je 5° zwischen 0 und 60°. Vergleiche die 3 Kardinalpunkte in beiden Serien miteinander.

Es stellt sich heraus, daß die Kardinalpunkte der untersuchten Kürbisgewächse im Vergleich zu denen der anderen Samen in höhere Temperaturbereiche verschoben sind.

Bei der Kresse, *Lepidium sativum*, setzt die Keimung bei noch tieferen Temperaturen ein als bei den verwendeten Getreidearten.

Versuch 14. Licht und Keimung:

a) Lichtgeförderte und -gehemmte Samen. Von folgenden Arten legen wir je 100 Samen in 2 PETRI-Schalen auf Filtrierpapier aus:

1. Lichtgeförderte Samen: *Digitalis purpurea*, *Epilobium hirsutum*, *Gnaphalium silvaticum*, *Lythrum salicaria*, *Nicotiana tabacum*, *Oenothera biennis*, *Ranunculus sceleratus*.

2. Lichtgehemmte Samen: *Amaranthus caudatus*, *Cucurbita pepo*, *Nigella sativa*, *Nigella damascena*, *Phacelia tanacetifolia*, *Prenanthes purpurea*, *Veronica persica* (= *V. tournefortii*).

Die Versuche werden in einer Dunkelkammer bei rotem Licht angesetzt. Die Dunkelversuche verbleiben hier; dagegen werden die Lichtversuche mit Tageslicht bzw. mit starkem, weißem Glühlicht belichtet. Die tägliche Bestimmung der Keimzahlen, mit dem 3. Keimtag beginnend, erfolgt für die Dunkelversuche wiederum ausschließlich bei rotem Licht.

Wiederhole den gleichen Versuch unter Verwendung der SCHOTTschen Farbfilter in verschiedenen Wellenbereichen. Es zeigt sich ganz allgemein, daß Licht mit einer Wellenlänge von $\lambda = 550$ und 600 bis 655 mμ die Keimung fördert, dagegen Licht von der Wellenlänge 435 bis 490, 570 und 750 mμ die Keimung hemmt.

Eine Zusammenstellung der in Frage kommenden Farbfilter findet sich auf Seite 151.

MEISCHKE, D.: J. Bot. **83**, 359 (1936).

Bei verschiedenen *Cucurbita*-Sorten setzt die erste Keimlingsentwicklung auch im Licht ein. Beachte aber bei diesen Keimlingen den Gesundheitszustand: Die am Licht sich entwickelnden Keimlinge sind nicht lebensfähig, sie werden vielmehr bald von Bakterien zersetzt.

KINZEL, W.: Frost und Licht als beeinflussende Kräfte bei der Samenkeimung. Stuttgart 1913, 1915, 1920. — Neue Tabellen 1927.

b) Relative Licht- und Dunkelkeimung in Abhängigkeit von der Keimtemperatur.

Samen mittleren Nachreifegrades von *Amaranthus* oder *Physalis* werden einmal bei 10—15° und zum andern bei 35—40° je im Licht und im Dunkeln zur Keimung ausgelegt. Bei den niederen Temperaturen erweisen sich diese Samen als lichtgehemmt, bei den höheren als lichtgefördert.

BAAR, H.: Sitzgsber. Akad. Wiss. Wien, Math.-naturwiss. Kl., Abt. 1 **121**, 1, 667 (1912). — G. GASSNER: Z. Bot. **7**, 609 (1915). — B. RESÜHR: Planta (Berl.) **30**, 471 (1939).

c) Lichtmenge und Keimung bei lichtgeförderten Samen. In 10 mit feuchtem Filtrierpapier ausgelegte PETRI-Schalen werden je 100 Samen von *Lythrum salicaria* bei rotem Licht eingezählt und die Schalen sofort unter gut schließende Dunkelstürze gestellt. 12—24 Stunden nach dem Einquellen bestrahlen wir je eine der 9 Schalen mit einer 200 Watt-Lampe (Abstand 1 m) für 5, 10, 30 Sekunden, 1, 5, 15, 30 Minuten, 2, 5 Stunden und stellen die Schalen nach der Belichtung sofort wieder unter die Dunkelstürze. Die zehnte Schale bleibt zur Kontrolle unbelichtet.

Die Keimzahlen bestimmen wir nach 3—4 Tagen und stellen sie dann in Abhängigkeit von der Belichtungsdauer graphisch dar. Wir stellen fest, daß schon eine sehr kurze Belichtungszeit genügt, um bei einzelnen Samen die Keimung einzuleiten, daß die Keimzahlen aber angenähert proportional der Belichtungsdauer sind.

LEHMANN, E.: Ber. dtsch. bot. Ges. **36**, 157 (1918).

d) Ort der Lichtabsorption bei lichtempfindlichen Samen. A. Reibe intakte Samen von *Phacelia tanacetifolia* (Dunkelkeimer) kräftig zwischen den Fingern und prüfe sie dann auf Licht- und Dunkelkeimung. Vergleiche die in diesen Versuchen erhaltenen Keimzahlen mit denen unbehandelter Samen. Die Keimfähigkeit der behandelten Samen ist am Licht bedeutend gesteigert.

B. Ritze bei einigen Samen von *Amaranthus* (Dunkelkeimer) die Testa in der Nähe der Radicula mit einer Nadel ein und bestimme dann die Keimzahlen bei Licht- und Dunkelkeimung. Die Samen zeigen jetzt in ihren keimungsphysiologischen Eigenschaften keine Lichtabhängigkeit mehr.

C. Auch isolierte Embryonen von *Phacelia* (Dunkelkeimer) oder Samen, die am stumpfen Ende angeschnitten wurden, keimen am Licht ebenso gut wie im Dunkeln.

D. Schäle sodann Samen von *Cucurbita pepo* oder *Nigella sativa* und prüfe auf Licht- und Dunkelkeimung. Diese Samen erweisen sich auch jetzt noch ebenso als Dunkelkeimer wie vordem (vgl. Vers. 14a).

GASSNER, G.: Ber. dtsch. bot. Ges. **29**, 708 (1911). — K. BÖHMER: Jb. Bot. **68**, 549 (1928). — D. MEISCHKE: Jb. Bot. **83**, 359 (1936). — B. RESÜHR: Planta (Berl.) **30**, 471 (1939).

e) Lichtharte Samen. Frisch geerntete Samen von *Nigella sativa* (Dunkelkeimer) werden auf einem angefeuchteten Keimsubstrat für etwa 5 Tage bei 20° dem Licht ausgesetzt. Es tritt keine Keimung ein. Werden diese am Licht vorgequollenen Samen in einen dunklen Keimraum gebracht, so tritt auch hier keine weitere Entwicklung ein. Die Samen sind „lichthart" geworden, aber noch nicht keimunfähig. Wird nämlich nach dieser Vorbehandlung die Samenschale vorsichtig verletzt, dann tritt sehr bald im Dunkeln die Keimung ein. Es genügt auch zur Keimungsauslösung ein mehrmaliger Temperaturwechsel von 20 auf 30° (vgl. Vers. 1a, S. 5).

KINZEL, W.: Ber. dtsch. bot. Ges. **25**, 269 (1907).

f) Dunkelharte Samen. Samen von *Ranunculus sceleratus* (Lichtkeimer), die 20 Tage bei 20° im Dunkeln auf angefeuchtetem Filtrierpapier lagerten, keimen nach dieser Zeit am Licht nur noch zu wenigen Prozenten aus. Setze diesen Versuch mit je 100 Samen an.

LEHMANN, E.: Ber. dtsch. bot. Ges. **27**, 476 (1909). — G. GASSNER: Ber. dtsch. bot. Ges. **28**, 350 (1910); **29**, 708 (1911).

Versuch 15. Keimungshemmung:

a) Keimungshemmende Substanzen aus dem Fruchtfleisch. Samen von *Lepidium* oder *Sinapis* werden zur Keimung in einer PETRI-Schale auf dem Fruchtfleisch einer Tomate, Birne, Quitte oder eines Apfels ausgelegt. Die Keimung ist hier gegenüber der auf Filtrierpapier ausgelegten Samen sehr stark gehemmt.

Beachte auch, daß die Tomatensamen innerhalb der Beere nie zur Keimung kommen. (S. aber Vers. 104, *Ardisia.*)

KÖCKEMANN, A.: Ber. dtsch. bot. Ges. **52**, 523 (1934).

b) Keimungshemmung der Brutkörper von Marchantialen durch die Mutterpflanze. Aus einem Brutbecher der *Marchantia polymorpha* oder einer *Lunularia* nehmen wir die Brutknospen heraus und legen sie auf angefeuchtetes Filtrierpapier, wo sie alsbald auskeimen. Vergleichen wir nun diese mit Brutknospen, die zu Beginn des Versuches ebenso weit entwickelt waren, aber auf der Pflanze verblieben, so sehen wir, daß von letzteren fast keine inzwischen das Ruhestadium überwunden haben. — Durch die Mutterpflanze wird also die Keimung gehemmt.

c) Keimungshemmung durch das Endosperm. Von Samen reifer Äpfel oder Kirschen werden nach ein- bis zweitägigem Wässern die Samenschale und das hier nur als dünnes Häutchen ausgebildete Endosperm abpräpariert. Die nun frei liegenden Embryonen legen wir 5 bis 6 Tage lang in PETRI-Schalen mit Leitungswasser, so daß sie vollständig vom Wasser bedeckt sind, und bewahren diese bei Zimmertemperatur im Tageslicht (jedoch ohne direkte Sonnenbestrahlung) auf. Nach dieser Zeit legen wir die zum Teil bereits ergrünten Embryonen auf schwimmenden Korkstückchen oder auf angefeuchtetem Filtrierpapier in PETRI-Schalen aus, wo die Entwicklung schnell fortschreitet (Abb. 7 links).

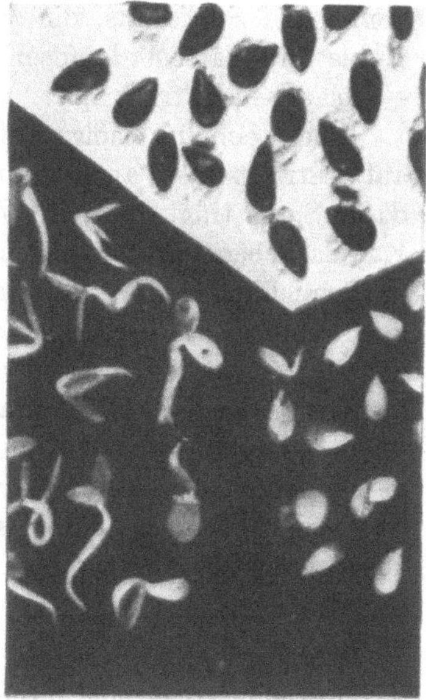

Abb. 7. Keimungshemmung von Apfelkernen durch das Endosperm. Oben: nicht präparierte Kerne; rechts: nur die Samenschale entfernt; links: Samenschale mit Endosperm abpräpariert. Zu Versuch 15 c. (Orig.)

Zum Vergleich dieser Ergebnisse behandeln wir nicht präparierte Samen und solche, bei denen allein die Samenschale abgeschält wurde, in der gleichen Weise. Diese Samen keimen im allgemeinen nicht (Abb. 7).

VEH, R. v.: Züchter 8, 145, 305 (1936).

d) Steigerung der Keimfähigkeit von Malven durch Erhitzen des Saatgutes. Je 50 bis zu 12 Monate alte Teilfrüchte von *Malva crispa*, *M. silvestris* oder *M. verticillata* werden in lufttrockenem Zustande in PETRI-Schalen 2 Stunden lang auf 70° C erhitzt. Nach dem Abkühlen feuchten wir das Saatgut mit Leitungswasser an und stellen die Schalen in einen Keimschrank. Die Anzahl der Keimlinge nach 3 und 5 Tagen läßt uns erkennen, daß die Keimfähigkeit des erhitzten Saatgutes im Vergleich zu der des nicht erhitzten wesentlich gesteigert ist (Abb. 8).

RUGE, U., u. E. KRULL: Züchter 17/18, 26 (1946). — LIEDTKE, D.: Diss. Kiel 1949.

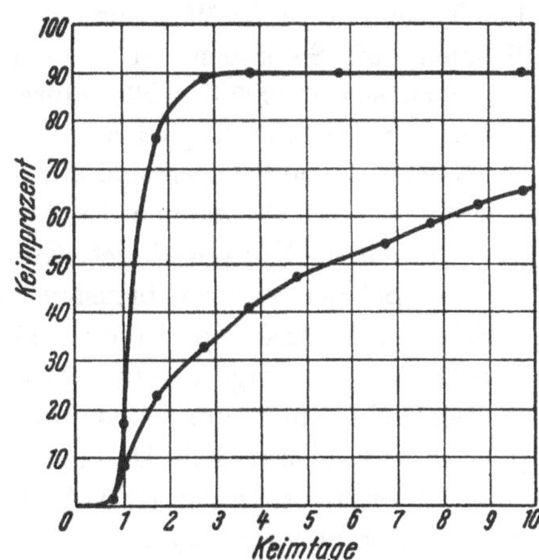

Abb. 8. Steigerung der Keimfähigkeit von *Malva verticillata* durch Erhitzen des Saatgutes. Obere Kurve: Saatgut 2 Std. auf 70° C erhitzt; untere Kurve: Saatgut unbehandelt. Zu Versuch 15d. (Orig.)

e) Adsorption keimungshemmender Stoffe durch das Substrat. Samen von *Vaccaria* (*Saponaria*) *pyramidata* werden in 3 Keimschalen auf angefeuchtetem Filtrierpapier, Tierkohle und Gartenerde ausgelegt. Die Keimprozente liegen in den Versuchen mit Kohle und Gartenerde hoch, in der Reihe mit dem Filtrierpapier dagegen auffällig niedrig. Die Erklärung für dieses Versuchsergebnis ist folgende: Die Samen scheiden während des Quellungsprozesses keimungshemmende Stoffe aus, die zwar von den +-geladenen Kolloiden der Kohle und Gartenerde adsorbiert werden können, nicht aber von dem —-geladenen Filtrierpapier.

Eine Keimung erfolgt auf einem —-geladenen Substrat, also z. B. auf Filtrierpapier, auch dann, wenn man in der Versuchsanstellung dafür Sorge trägt, daß ein Wasserstrom, den man sich mit Hilfe eines Kapillarhebers leicht erzeugen kann, das Keimbett ständig durchströmt.

Schließlich setzt die Keimung der Samen auf dem Filtrierpapier auch dann nach 3—5 Tagen ein, wenn wir die Samen des Kuhkrautes auf angefeuchtetem Filtrierpapier in einer PETRI-Schale auslegen, die in einer passenden zweiten Glasschale auf eine 3 mm hohe Schicht aktiver Kohle gestellt wird. Die äußere Schale wird dann mit einem aufgeschliffenen Glasdeckel verschlossen. Da die keimungshemmenden Stoffe der *Vaccaria* flüchtig sind, werden sie auch bei diesem Versuch adsorptiv von der Aktivkohle gebunden, obwohl die Samen dieser nicht direkt aufliegen.

BORRISS, H.: Ber. dtsch. bot. Ges. **54**, 472 (1936).

f) Keimverzögerung durch Blausäure. In 4 PETRI-Schalen der normalen Größe (9 × 1,5 cm) legen wir Tomatensamen auf angefeuchtetem Filtrierpapier aus. Die Samen sollen zu diesem Versuch aus gut ausgereiften Früchten genommen werden und einige Tage an der Luft nachgereift sein. In 3 der PETRI-Schalen stellen wir weiter kleine, flache Schalen, z. B. Salznäpfchen, in die je 2 ccm einer 0,5proz. Amygdalinlösung und einige Tropfen einer 0,5proz. Emulsinlösung gegeben werden. Dann schmieren wir den oberen Rand der Unterschalen mit Vaseline oder Wollfett ein und setzen die Oberhälften der PETRI-Schalen auf. So haben wir nahezu luftdicht abgeschlossene Räume, in denen sich 0,000591 g Blausäure entwickelt. In dieser Atmosphäre lassen wir die Samen quellen.

Innerhalb von 8 Tagen sind alle Samen in der blausäurefreien Schale gekeimt. In den 3 anderen PETRI-Schalen dagegen ist die Keimung noch in keinem Fall eingeleitet. Nun betten wir die Tomatenkerne aus 2 dieser Schalen in einen blausäurefreien Raum um, und zwar die der I. Schale auf Filtrierpapier, die der II. auf Tierkohle. Die Samen der III. Schale lassen wir dagegen noch weiter in der Blausäureatmosphäre.

Beobachte nun den Keimungsverlauf: Die auf Tierkohle umgebetteten Samen (Schale II) keimen vor denen der ersten Keimschale mit Filtrierpapier. In der HCN-Atmosphäre wird dagegen die Keimung noch weiter hinausgezögert.

KEIL, J.: Jb. Bot. **88**, 345 (1939).

g) Keimverzögerung durch Rübenknäuel. In einer PETRI-Schale legen wir etwa 50 Knäuel einer Zucker- oder Runkelrübe aus, feuchten sie mit Leitungswasser an und überdecken sie dann mit einem Blatt Filtrierpapier. Nach 2 Tagen bringen wir auf demselben Filter 50 bis 100 *Lepidium*-Samen zum Keimen. Gleichzeitig setzen wir einen Kontrollversuch mit ebensoviel Kressesamen unter gleichen Bedingungen, jedoch ohne Rübenknäuel an. 24 Stunden später stellen wir fest, daß die in Gegenwart der Runkelknäuel gekeimten Kressesamen wesentlich kürzere Keimwurzeln ausgebildet haben als die Kontrolle.

Die Erfahrung hat gezeigt, daß nicht alle Rübensorten die gleiche Keimhemmung zeigen. Der Versuch ist jedoch pflanzensoziologisch wesentlich, da er darauf hinweist, daß auch im natürlichen Saatbett ein Same die Entwicklung eines anderen beeinflussen kann.

FRÖSCHEL, P.: Natuurwetensch. Tijdschr. **21**, 93 (1939).

Versuch 16. Keimungsstimulation:

a) Beschleunigung der Nachreife frisch geernteten Getreides durch Kälte. Wir benötigen zu diesem Versuch 28 Keimschalen mit je 100 Karyopsen eines frisch geernteten Getreides, und zwar möglichst bald nach dessen Drusch. Diese stellen wir zu 7 Serien zusammen. In Serie I—IV feuchten wir das Filtrierpapier mit je 5 ccm Wasser an; in den restlichen soll das Getreide dagegen zunächst noch trocken lagern. Während nun Serie I sogleich in einen auf 20—24° einregulierten Wärmeschrank gestellt wird, bringen wir die Keimschalen der anderen Serien zunächst in einen Kühlraum mit Temperaturen von +1—5°. Hier verbleiben die Serien II und V, d. h. eine feucht und eine trocken gelagerte Versuchsreihe, für einen Tag, Serie III und VI für 3 Tage, Serie IV und VII für 7 Tage. Nach Beendigung der Kältebehandlung werden die Keimschalen der trocken gelagerten Versuchsreihen, also der Serien V—VII, mit je 5 ccm Wasser beschickt und dann alle Serien in den Wärmeschrank gestellt.

Täglich kontrollieren wir nun den Keimungsverlauf und stellen dabei fest, daß die Keimzahlen um so höher liegen, d. h. die Nachreife des Getreides um so stärker beschleunigt wird, je länger die Kältebehandlung andauerte. Weiter ergab sich, daß die niedrigen Temperaturen hinsichtlich der Nachreifeprozesse auf die gequollenen Früchte einen wesentlich stärkeren und günstigeren Einfluß nehmen als auf die trocken gelagerten.

RUGE, U.: Züchter **17/18**, 59 (1947). Vgl. zu diesem Versuch auch Vers. 132, 133.

b) Keimungsstimulation durch eine Warmbadbehandlung. Je 100 Samen von *Epilobium parviflorum* oder *Capsella bursa-pastoris* werden in 2 PETRI-Schalen auf Filtrierpapier ausgelegt. Das Keimsubstrat der einen Schale feuchten wir mit frischem Leitungswasser an und stellen dann die Schale bei 18—20° in ein helles Zimmer. Die andere Schale feuchten wir dagegen mit 30—40° warmem Wasser an, halten sie dann für 12 Stunden in einem Lichtthermostaten gleicher Temperatur und stellen sie anschließend zu der ersten PETRI-Schale.

Wir bemerken, daß die Keimungsgeschwindigkeit und die Keimprozente durch das Warmbad gesteigert werden.

NIETHAMMER, A.: Jb. Bot. **67**, 223 (1928).

c) Keimungsstimulation durch Acetaldehyd. Wir zählen zu diesem Versuch dreimal je 50 Samen folgender Arten in PETRI-Schalen: *Campanula patula*, *Capsella bursa-pastoris*, *Chrysanthemum corymbosum*, *Epilobium parviflorum*, *Melandrium diurnum* (= *Melandrium rubrum*), *Poa pratensis*, *Papaver rhoeas*, *Salvia pratensis*, *Saxifraga rosacea* (= *Saxifraga caespitosa*), *Tragopogon pratensis.*

Es ist nötig, möglichst alle genannten Samenarten zu diesem Versuch heranzuziehen, da je nach der Erntezeit und anderen bisher noch unbekannten physiologischen Bedingungen nicht alle Samen auf den Acetaldehyd in gleicher Weise ansprechen.

Nun feuchten wir das Keimsubstrat der I. Serie mit Leitungswasser, das der II. Serie mit einer 0,01proz., das der III. Serie mit einer 0,1proz. Acetaldehydlösung an. Da der Aldehyd sehr flüchtig ist, schmieren wir den oberen Rand der PETRI-Schalenunterhälften mit Vaseline ein und legen dann die Oberschalen auf.

Der Versuch wird in einem hellen Zimmer aufgebaut.

Wir stellen zumindest bei einigen Samen eine Steigerung der Keimungsgeschwindigkeit wie der Keimprozente fest.

NIETHAMMER, A.: Jb. Bot. **67**, 223 (1928).

d) Keimungsbeschleunigung durch Säuren. In 5 PETRI-Schalen legen wir auf (schwarzem) Filtrierpapier je 50 Samen von *Verbascum thapsiforme* aus und geben in 4 Schalen als Quellungsflüssigkeit eine 10proz. Schwefelsäure, in die V. Leitungswasser. Die Samen der I. Schale bleiben 5 Minuten, die der II. 10 Minuten, die der III. 20 Minuten, die der IV. 60 Minuten in der Säure liegen. Danach wird die Säure mit Leitungswasser mehrmals abgespült und restliche Säure mit einer Sodalösung neutralisiert. Dann stellen wir die Schalen ans Licht und bestimmen nach 10—14 Tagen die Keimzahlen.

In dieser Zeit ist bei den in Leitungswasser gehaltenen Samen noch keine Keimung erfolgt. Auch eine 5—10 Minuten lange Behandlung mit der Säure konnte im allgemeinen den Keimungsprozeß bis dahin noch nicht einleiten, wohl aber ein Säurebad von 20 Minuten. Eine einstündige Säurebehandlung ist den Samen jedoch bereits schädlich.

HESSE, O.: Ber. dtsch. bot. Ges. **41**, 316 (1923).

Nicht alle Experimente aus Vers. 16 zeigen in jedem Fall das erwartete klare Ergebnis. Dieses ist vielmehr in weitem Maße von verschiedenen uns größtenteils noch unbekannten Faktoren abhängig, so vor allem von dem Entwicklungszustand des Versuchsobjektes. Daß ich diese „unsicheren Versuche" an dieser Stelle trotzdem aufführe, geschieht aus dem Grunde, um den Anfänger bereits beim ersten Experimentieren daran zu gewöhnen, daß die Pflanze kein einfacher Automat, sondern ein lebendiger Organismus ist. In ihm setzen sich die Lebenserscheinungen zwar auch aus Einzelreaktionen zusammen, sind aber nicht wie in einer Maschine starr zueinander koordiniert.

II. Längenwachstum und Wirkstoffe der Zellstreckung.

A. Erscheinungen des Längenwachstums.

Ein aus dem Samen hervorgegangener Keimling besitzt bereits alle wesentlichen Organe der vegetativen Pflanze, doch muß sich dieser Organismus noch stark vergrößern und differenzieren. Dies geschieht, indem bestimmte Zonen der Keimlingsorgane meristematisch bleiben und die neu angelegten Zellen aus dieser Zone des „meristematischen Wachstums" in die „Zone der Zellstreckung" vorrücken und dann durch Membranwachstum eine bestimmte Gestalt annehmen („Zone des Streckungswachstums" und der „Zelldifferenzierung").

In diesen verschiedenen Zonen ist nun die Zellverlängerung keineswegs in allen Zellen gleich stark. Es ergibt sich vielmehr, graphisch dargestellt, eine von dem Entwicklungsstadium der Zelle abhängige Optimumkurve, deren Maximum als die „große Periode des Streckungswachstums" bezeichnet wird. Die Zellen dieses Entwicklungsstadiums finden wir im allgemeinen in der Übergangszone von der Zellstreckung zu der des Streckungswachstums.

Auch innerhalb einer Zone braucht das Streckungswachstum nicht in allen Gewebeteilen gleich stark zu sein. So führt uns Vers. 17e einen Fall vor, wo die eine Sproßflanke stärker wächst als die Gegenflanke. Wird nun diese eine Flanke fortlaufend in ihrer Wachstumsgeschwindigkeit von der nächst angrenzenden überholt, so ergeben sich die „Zirkumnutationen", wie sie in Vers. 18 dargestellt sind. Das in Vers. 19 behandelte „schraubige Streckungswachstum" einer Zelle erklärt sich dagegen hauptsächlich aus der spiraligen Anordnung der Membransubstanzen. Die Vers. 20—23 demonstrieren uns schließlich einige äußere Faktoren, von denen das Längenwachstum der Pflanzen als vitaler Prozeß abhängig sein muß.

Versuch 17. Zonen des Streckungswachstums:

a) **Feststellung der Wachstumszone in Sproßorganen.** Wir tauchen die Spitze einer an einem kleinen Holzstab befestigten Schweineborste in eine Markierungsflüssigkeit, z. B. in Rußparaffin (s. S. 150), ein und tupfen damit auf ein 4 cm langes Hypokotyl von *Helianthus annuus* etwa 16 möglichst kleine Punkte auf, die genau übereinander liegen sollen. Es ist bei dieser Markierung unbedingt darauf zu achten, daß das Hypokotyl nicht aus seiner vertikalen Lage gebracht wird, um es nicht geotropisch zu reizen. Auch darf das Hypokotyl während der Markierung nicht gedehnt oder gezerrt werden.

Dann messen wir die Entfernungen der einzelnen Marken voneinander horizontal-mikroskopisch aus und wiederholen die Messungen nach 6, 12, 24 und 48 Stunden.

Sind die Markierungspunkte beim Auftragen zu groß geworden und daher für die späteren Messungen zu undeutlich, fertige man sich bei der ersten Messung eine Skizze von dem Hypokotyl an, die vor allem die Form der Marken und die genauen Meßpunkte enthält.

Die Versuche werden in einer Dunkelkammer bei 20—23° aufgebaut. Die Messungen führen wir bei rotem Licht durch.

Errechne aus den einzelnen gemessenen Zuwachswerten für die aufgetragenen Zonen die durchschnittliche Wachstumsgeschwindigkeit (= abs. Streckungszuwachs/Zeit) und stelle diese Werte graphisch dar. Die Hauptwachstumszone liegt etwa 1 cm unterhalb der Hypokotylspitze. (Vgl. auch Abb. 14.)

b) Feststellung der Wachstumszone an einer Wurzel. Wir verwenden zu diesem Versuch am besten 2 cm lange Wurzeln von *Vicia faba* oder *Zea mays*. Völlig gerade gewachsene Wurzeln erhalten wir folgendermaßen: Die Samen werden zunächst so lange in Leitungswasser eingelegt, bis die Keimwurzeln gerade hervorbrechen. Inzwischen haben wir gut ausgewaschenes oder noch besser ausgekochtes Sägemehl von Buchen- oder Pappelholz, aber nicht von einem Nadelholz, mit Wasser gut durchgeknetet und locker in eine tiefe Tonschale gegeben. Alsdann bohren wir mit einem Stock, dessen Durchmesser etwa dem der Wurzel entspricht, in dieses Substrat senkrechte Löcher ein, in die wir die Keimwurzeln hineinwachsen lassen.

Die Markierung der vordem mit Filtrierpapier vorsichtig abgetupften Wurzeln erfolgt wie im vorhergehenden Versuch, doch unterteilen wir die Zonen direkt an der Wurzelspitze möglichst häufig. Die Wurzeln müssen bei allen diesen Manipulationen genau senkrecht gehalten werden, um in ihnen jegliche geotropische Induktion zu vermeiden.

Zur Bestimmung der Wachstumsgeschwindigkeit bringen wir völlig gerade gewachsene Keimwurzeln in eine feuchte Kammer (s. S. 153). Der Versuch wird wie der vorhergehende in einer Dunkelkammer bei konstanter Temperatur von 20—23° aufgebaut. Die Messungen führen wir alle 2—3 Stunden bei rotem oder evtl. orangefarbigem Licht durch.

Berechne nun die Wachstumsgeschwindigkeit in den einzelnen Zonen und stelle die Werte graphisch dar. Wir finden dann, daß die Hauptwachstumszone sehr nahe der Wurzelspitze liegt.

c) Flächenwachstum eines Blattes. Wir legen ein junges Blatt vom Kürbis, der Osterluzei (*Aristolochia clematitis*) oder auch ein beliebiges anderes, nicht ausgewachsenes Blatt auf eine feste, etwas gewölbte Unterlage, z. B. auf eine Flasche, und halten es so mit den Fingern an den Blattspitzen fest. Ein anderer Praktikant hat inzwischen eine dünne Schnur mehrmals über einen in Rußparaffin (s. S. 150) eingetauchten Korken gezogen, so daß diese gleichmäßig schwach eingefärbt ist. Nun wird die Schnur zunächst parallel zur Mittelrippe mehrmals in gleichen Abständen auf das Blatt gedrückt, so daß mehrere parallel zueinander verlaufende Markierungslinien auf dem Blatt entstehen. In der gleichen Weise markieren wir danach das Blatt senkrecht zu dem Mittelnerv. So ist das Blatt in viele kleine Quadrate aufgeteilt. — Dadurch, daß wir unter das Blatt ein größeres Stück kariertes Papier legen, ist es leichter möglich, die Markierungslinien in gleichen Abständen aufzutragen. Auf dieses Papier zeichnen wir uns dann zweckmäßig auch vor der Markierung des Laubblattes dessen Umriß auf und erhalten damit ein getreues Abbild des Blattes zur Zeit des Versuchsbeginns mit der genauen Angabe über die Lage der Markierungslinien zu diesem Zeitpunkt. 2—3 Wochen später, wenn das Blatt ausgewachsen ist, bestimmen wir den Abstand der Markierungslinien abermals und können dann Berechnungen über den Flächenzuwachs des Blattes anstellen.

Werden die Messungen an Freilandpflanzen durchgeführt, müssen wir evtl. durch Abschirmen der Blätter dafür Sorge tragen, daß durch Regen usw. die Markierungslinien nicht verwischt werden. Oft können wir uns auch dadurch helfen, daß wir die Einteilung nicht auf der Blattoberseite, sondern auf der Blattunterseite vornehmen.

Dieser Versuch läßt sich auch in der Weise durchführen, daß wir die Blattumrisse in regelmäßigen Abständen von 3—7 Tagen auf ein darunter gelegtes Stück Papier aufzeichnen, dieses ausschneiden und den Blattzuwachs gravimetrisch bestimmen. Da es aber nur selten gelingen wird, größere Mengen Papier gleichen Gewichts pro Flächeneinheit zu bekommen, ist diese Methode mit rel. großen Fehlern behaftet. Außerdem gibt uns dieses Verfahren keine Auskunft über die Lage der Wachstumszonen innerhalb des Blattes.

d) Interkalares Wachstum eines Sprosses. An einer jungen Pflanze einer *Polygonum*-Art oder auch an einem Gras, die beide aber bereits mehrere Internodien ausgebildet haben müssen, messen wir mit einem Zentimetermaß möglichst genau die Länge der einzelnen Internodien und Nodien aus. Die Werte werden in der Reihenfolge der Internodien notiert. Nach 8 und 14 Tagen wiederholen wir die Messungen und berechnen den prozentualen Streckungszuwachs der einzelnen Internodien und Knoten.

Die gefundenen Werte werden in Abhängigkeit vom Alter der Sproßteile graphisch dargestellt.

e) Stärkeres Streckungswachstum im Stengel am Blattansatz. Wir verwenden zu diesem Versuch am besten sich stark streckende, krautige Pflanzen mit einer Blattstellung von $^1/_2$ und mit einem ausgesprochen interkalaren Wachstum. Recht gut eignen sich hierfür z. B. junge Knöterichgewächse.

Auf ein nicht ausgewachsenes Internodium der Versuchspflanzen tragen wir mit Rußparaffin in gleichen Abständen möglichst senkrecht zur Sproßachse Markierungskreise auf. Dies geschieht am leichtesten folgendermaßen: Eine dünne Schnur wird mit Rußparaffin allseitig eingerieben und dann als Schlinge ringförmig um den Sproß gelegt. Die einzelnen Kreise sollen über das ganze Internodium vom Blattansatz bis zum nächst unteren Blatt gleichmäßig in denselben Abständen (2—4 mm) und senkrecht zur Sproßachse verlaufen.

Nach 8—14 Tagen untersuchen wir die Abstände und vor allem die Lage der Markierungskreise zur Organachse, und zwar hauptsächlich direkt oberhalb und unterhalb des Blattansatzes. Ist nach diesen Untersuchungen das Längenwachstum auf allen Sproßflanken gleich stark?

f) Ungleich starkes Wachstum in den verschiedenen Gewebeteilen eines Organes (Gewebespannung). Aus einem Stengel vom Löwenzahn, Rhabarber oder *Helianthus*-Hypokotyl schneiden wir uns ein 5—10 cm langes Stück heraus, bestimmen dessen genaue Länge und spalten es dann durch einen Kreuzschnitt mehrere Zentimeter lang auf. Die momentan eintretende Krümmung der Quadranten nach außen können wir noch dadurch verstärken, daß wir die Stengel in Wasser legen.

Das Einrollen der isolierten Sproßteile, das als „Gewebespannung“ in seiner Erscheinung allgemein bekannt ist, erklärt sich folgendermaßen: Die Zellen aus dem Mark streben auf Grund der Wachstums- und Dehnungseigenschaften ihrer Membranen eine Verlängerung der Längsachse und — zur Konstanterhaltung des Zellvolumens — eine entsprechende Verkürzung des Zelldurchmessers an, die Zellen der Epidermis und Rinde dagegen eine kürzere und breitere Form. Im organischen Verband werden die Zellen nun aber in eine sich kompensierende Zwangsform gepreßt, wodurch die Epidermis und Rinde in der Längsrichtung gespannt, das Mark aber entsprechend komprimiert wird. Nach Aufspalten des Sprosses können die Spannungsverhältnisse plötzlich als Turgorbewegungen ausgeglichen werden. Mit einem biegungsfähigen Metermaß läßt sich jetzt auch feststellen, daß sich die Rinde verkürzt, das Mark dagegen verlängert hat.

Versuch 18. Zirkumnutationen. In mehreren Blumentöpfen ziehen wir uns je einen Stangenbohnenkeimling bis zur vollen Ausbildung der Primärblätter heran und binden die Sproßglieder bis zu den Primärblättern an einem Stab fest. Danach stellen wir die Keimlinge in einem temperaturkonstanten Dunkelraum auf einen kleinen, frei stehenden Tisch und klemmen etwa 5 cm oberhalb der Keimlingsspitze mit zwei Stativen eine Glasplatte in horizontaler Lage ein. Zur Beobachtung, die wir ausschließlich bei phototropisch unwirksamem rotem Licht durchführen, beugen wir uns genau senkrecht über die Keimlinge und markieren auf der Glasplatte, z. B. durch Aufkleben kleiner Papierscheiben aus einem Aktenlocher, die Stellen, wo wir jeweils die Keimlingsspitzen erkennen. Diese Beobachtungen wiederholen wir etwa alle halbe bis 1 Stunde und verbinden dann die einzelnen Marken in der Reihenfolge des Aufklebens mit einem Fett- oder Glasochromstift.

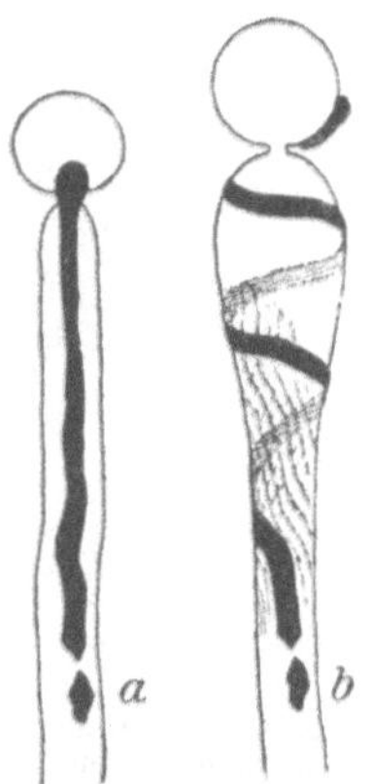

Abb. 9. Schraubiges Streckungswachstum des Sporangienträgers von *Phycomyces*. Zu Versuch 19. (Nach H. BURGEFF, 1915.)

Versuch 19. Schraubiges Streckungswachstum des Sporangienträgers von Phycomyces. In einige niedrige, mit Brot oder einer 1proz. Biomalzlösung beschickte Präparategläser impfen wir Sporen von *Phycomyces blakesleeanus* und stellen die Gläser in einer feuchten Kammer in einen Dunkelthermostaten bei etwa 23°. Die ersten Sporangienträger, die sich herausbilden, sind im allgemeinen sehr schwach. Wir schneiden sie ab. Bei der zweiten, bedeutend kräftiger entwickelten Garnitur tragen wir mit Rußparaffin (s. S. 150) an mehreren jungen Fruchthyphen, die gerade das Sporangium angelegt haben, einen geraden Strich parallel zur Längsachse auf dem Sporangiumkopf und -träger auf (Abb. 9a). Nach 6, 12 oder 24 Stunden zeigt die horizontal-mikroskopische Untersuchung der markierten Fruchthyphen, daß die Gerade zu einer Spirale ausgezogen ist (Abb. 9b).

BURGEFF, H.: Flora (Jena) **108**, 390 (1915). — CASTLE, E. S.: J. cellular comparat. Physiol. **9**, 477 (1937).

Versuch 20. Tagesperiodischer Ablauf des Streckungswachstums. Einen am Tageslicht herangewachsenen Sonnenblumenkeimling von 4—5 cm Länge stellen wir in einen möglichst temperaturkonstanten Raum mit 22—25°. Unter den Kotyledonen des Keimlings bringen wir nun eine aus 2 in der Mitte eingeschnittenen, etwa 10 cm langen und 1 cm breiten, aus weichem Ledertuch gefertigten (Abb. 10A) und nach Abb. 10C miteinander geschürzten Lappen gebildete Doppelschlinge an. Diese Schlinge wird fest um das Hypokotyl gezogen, ohne es dabei jedoch zu zerren oder gar zu verletzen. Die freien Lappenenden werden nach Einschalten eines Spannbrettchens (Abb. 10B) zu einem

Parallelogramm mittels eines S-Hakens zusammengefaßt (Abb. 10D). Von dem Haken führt nun ein in ein passendes Spanngewicht endigender Faden zu dem Galgen eines Auxanographen bekannter Konstruktion (Abb. 6). Die Durchmesser der beiden Rundscheiben am Galgen sollen sich wie 1 : 10 verhalten. Das Glanzpapier der Trommel wird entweder mit einer Terpentinölflamme oder besser mit Hilfe eines Schnittbrenners

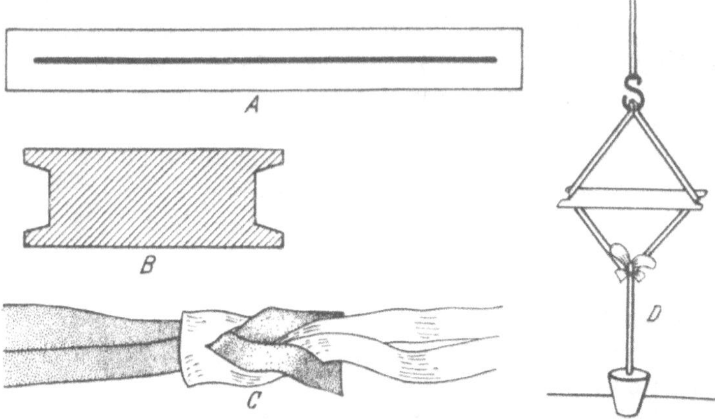

Abb. 10. Aufhängevorrichtung für Untersuchungen des Streckungswachstums mit Hilfe eines Auxanographen. *A* Ledertuch (10 × 1 cm) mit Einschnitt; *B* Spannbrettchen; *C* Schürzung der beiden Lederlappen; *D* Aufhängen des Objektes am S-Haken mit den Lederlappen und Spannbrett. Zu Versuch 20. (Orig.)

berußt, zu dem wir das Leuchtgas durch eine mit Benzol gefüllte Waschflasche leiten. Das Uhrwerk stellen wir so ein, daß die Trommelachse in 8 Tagen eine Umdrehung macht.

Achte beim Aufbauen des Versuches darauf, daß während des Streckungswachstums der Schreiber gehoben wird, daß er auf der sich drehenden Trommel gezogen und nicht geschoben wird und daß er schließlich beim Versuchsbeginn an dem Kleberand des berußten Glanzpapiers ansetzt (vgl. Abb. 6). Um eine zusammenhängende Kurve auf der berußten Trommel zu erhalten, ist es erforderlich, daß der den Schreiber haltende Faden in der Weise tordiert wird, daß er die Spitze des Schreibers fest gegen die Trommel drückt.

Wir stellen nun fest, daß der Schreiber auf der Trommel keineswegs eine Gerade aufzeichnet, sondern daß die Kurve für den Streckungszuwachs am Tage viel flacher verläuft als für den der Nacht, d. h. daß die Wachstumsgeschwindigkeit am Tage geringer ist als in der Nacht.

Versuch 21. Wachstumsgeschwindigkeit bei verschiedenen Temperaturen. In 3 Thermostaten, die auf Temperaturen von 5—10, 20 bis 25 und 40—45° eingestellt sind, setzen wir je einen Topf mit etwa 20 jungen und gleich weit entwickelten Keimpflanzen von *Helianthus annuus*. Bei allen Versuchspflanzen bringen wir an der Spitze und der Basis des Hypokotyls je eine Marke an und messen deren Entfernung voneinander aus. Diese Werte werden in der Reihenfolge der Messungen notiert und nach 24, 48 und 72 Stunden die einzelnen Messungen wiederholt. Errechne nun für die 3 Serien den durchschnittlichen prozentualen Streckungszuwachs.

Wie bei allen anderen physiologischen Prozessen gibt es auch für das Streckungswachstum eine optimale, maximale und minimale Temperatur. Bevor die Temperatur so weit ansteigt bzw. absinkt, daß sie letal wirkt, löst sie die gerade für das Streckungswachstum sehr deutlich nachweisbare Wärme- und Kältestarre aus.

Versuch 22. Kultur von Schimmelpilzen in Nährlösungen mit verschiedenem osmotischem Wert. Zu je 100 ccm einer synthetischen Nährlösung für Schimmelpilze nach PRINGSHEIM (s. S. 142) geben wir 5, 10, 15 und 20 g KNO_3 oder $NaNO_3$ und in einer anderen Serie 5, 10, 20—50 ccm Glycerin. Die Lösungen werden sterilisiert und nach dem Abkühlen mit *Aspergillus niger* oder *Penicillium glaucum* geimpft. Den Pilzen steht also in allen Versuchsgefäßen die gleiche Wassermenge, jedoch in verschiedener Dampfspannung, d. h. mit verschiedenem osmotischem Wert, zur Verfügung. (Vgl. auch Vers. 11.)

Beobachte nun die Entwicklung des Mycels in den einzelnen Versuchsgefäßen; stelle fest, wann die Konidienbildung eintritt. Bei Abbruch des Versuches bestimme das Frisch- oder Trockengewicht des Mycels und vergleiche an einzelnen Mycelfäden der Serie mikroskopisch die Zellenlänge und Membrandicke. (Vgl. Vers. 122.)

Mindestversuchsdauer: 6 Tage bei 30°. Der Versuch hält sich aber auch mehrere Wochen. Um die Notwendigkeit des KNO_3 für die Pilzentwicklung zu zeigen, lassen wir in der Nährlösung eines Kolbens das KNO_3 gänzlich fort.

ESCHENHAGEN, FR.: Über den Einfluß von Lösungen verschiedener Konzentration auf das Wachstum von Schimmelpilzen Stolp 1889. — WALTER, H.: Die Hydratur der Pflanze. Jena 1931.

Versuch 23. Abhängigkeit des Wachstums und der Entwicklung der Schimmelpilze von der relativen Feuchtigkeit im Kulturraum. In 7 schmale Glasküvetten geben wir je eine halbe Weißbrotschnitte, die mit Sporen von *Penicillium glaucum* reichlich geimpft wurde, und ein ESMARCH-Schälchen. Von den letzteren füllen wir das I. mit Wasser, das II. mit 5proz. Schwefelsäure, das III. mit 10proz. Schwefelsäure,..., das VII. mit 50proz. Schwefelsäure. Nun werden die Küvetten mit einem passenden Glasdeckel, den wir mit verflüssigtem Paraffin, Vaseline oder einem anderen Klebstoff aufkitten, luftdicht verschlossen.

Beobachte in den Küvetten mit verschiedener relativer Luftfeuchtigkeit (s. S. 151) die Pilzentwicklung auf den Brotscheiben im Verlaufe eines Monats. Sie ist um so üppiger, je höher der Wassergehalt der Luft ist.

Entsprechend den Ergebnissen aus Vers. 22 und 23 könnten wir auch für die höheren Pflanzen nachweisen, daß für ihre Entwicklungsmöglichkeit nicht die gebotene abs. Wasser*menge* ausschlaggebend ist, sondern vielmehr der durch die rel. Feuchtigkeit, den osmotischen Wert bzw. den Quellungsgrad charakterisierte *Freiheitsgrad* des Wassers, d. h. der Wasser*zustand*, die Hydratur. (Vgl. auch Vers. 11.)

Walter, H.: Die Hydratur der Pflanze, S. 13. Jena 1931; Die Grundlagen des Pflanzenlebens, S. 291. Stuttgart 1946.

B. Bedeutung der Streckungswuchsstoffe für das Längenwachstum.

Die Versuche aus den folgenden Kapiteln sollen uns in die Physiologie der Wirkstoffe einführen. Es sind dies im allgemeinen bereits wohl definierte, chemische Körper, die alle u. a. dadurch gekennzeichnet sind, daß sie, wahrscheinlich als Genstoffe aufzufassen, in äußerst geringen Konzentrationen einen bestimmten, für sie typischen Entwicklungsprozeß bei systematisch z. T. recht verschiedenartigen Organismen einzuleiten und zu steuern vermögen. In bestimmten Verdünnungsstufen ist das Ausmaß der Entwicklungsförderung der Wirkstoffkonzentration proportional. Bei Überschreiten der optimalen Konzentration schlägt dann aber die Förderung in eine Hemmung um. Die für die Zellstreckung und das Streckungswachstum der höheren Pflanzen verantwortlichen Biokatalysatoren sind die Auxine. Sie liegen hier in einer physiologisch aktiven und in einer als Wirkstoffreserve aufzufassenden inaktiven Form vor. Durch die rel. leicht synthetisierbare β-Indolylessigsäure wird das inaktive Auxin in dem pflanzlichen Gewebe aktiviert. Diese Säure ist also nicht, wie es bisher geschah, als synthetischer „Wuchsstoffersatz" aufzufassen, sondern ausschließlich als Auxinaktivator. Nach Auffassung amerikanischer Autoren stellt die β-Indolylessigsäure sogar den natürlichen und körpereigenen Streckungswuchsstoff dar.

Der natürliche Streckungswuchsstoff der Keimlinge findet sich hauptsächlich im Endosperm bzw. in den Kotyledonen der Samen (Vers. 27) und wandert von dort in inaktiver Form (Vers. 28) zur Sproß- bzw. Wurzelspitze. Hier wird er wiederum aktiviert und löst dann die Zellstreckung wie das Streckungswachstum aus. Wird nun die Sproßspitze entfernt (= dekapitiert), so steht den Zellen kein aktiver Streckungswuchsstoff mehr zur Verfügung, sie können also ihr Volumen nicht mehr aktiv vergrößern (Vers. 24a, b). Scheinbar anders liegen die Verhältnisse bei der Wurzel (Vers. 25), die nach der Dekapitation eine Beschleunigung des Streckungswachstums zeigt. In der normal wachsenden Wurzel sind jedoch überoptimale Auxinmengen enthalten, die das Längenwachstum hemmen (vgl. auch Vers. 35). Da wir durch die Dekapitation die Wuchsstoffmenge aber auch hier vermindern, muß die Wachstumsgeschwindigkeit der Wurzel dann also ansteigen.

Versuch 24. Dekapitation:

a) Einstellung des Streckungswachstums von Hypokotylen nach der Dekapitation. 4—6 cm lange *Helianthus*-Hypokotyle dekapitieren wir 4—6 mm unterhalb der Ansatzstelle der Kotyledonen (s. Abb. 16). Sofort nach dieser Operation zeichnen wir 0,5—1 cm unterhalb der Schnittfläche, also in der Hauptstreckungszone (Vers. 17a), mit Rußparaffin (s. S. 151) 2 Meßmarken im Abstande von 1—2 mm auf die Epidermis. Die Entfernung der Marken stellen wir horizontal-mikroskopisch fest und wiederholen diese Messung zunächst stündlich, dann alle 3 Stunden.

Nach der Dekapitation wird das Streckungswachstum der Hypokotyle innerhalb weniger Stunden völlig eingestellt, da den Keimlingen nun weder aktives, noch aktivierbares Reserveauxin aus den Keimblättern zur Verfügung steht.

b) Folgen der Dekapitation bei Avena-Keimlingen. Am oberen Drittel von *Avena*-Koleoptilen, die nach den in Vers. 29a gegebenen Vorschriften herangezogen und dekapitiert wurden, tragen wir mit Rußparaffin (s. S. 151) Meßstrecken auf, deren Länge wir sogleich nach der Dekapitation horizontal-mikroskopisch messen. Diese Messung wiederholen wir in den ersten 4—6 Stunden stündlich und beobachten, daß das zunächst sistierte Wachstum 2—3 Stunden nach der Dekapitation wieder aufgenommen wird.

Die Wiederaufnahme des Streckungswachstums bei der dekapitierten *Avena*-Koleoptile erklärt sich aus der Neubildung eines Auxinaktivierungszentrums an der Schnittfläche. Wir sprechen hier von einer „Regeneration der physiologischen Spitze“.

Versuch 25. Bedeutung des normalen Wuchsstoffgehaltes für das Wurzelwachstum. In einer feuchten Kammer, wie sie auf S. 153 beschrieben wird, beobachten wir zunächst über 2 Stunden die Wachstumsgeschwindigkeit (s. Vers. 17b) von 10 *Vicia faba*-Wurzeln. Dann schneiden wir von der Wurzelspitze ein etwa 1 mm langes Stückchen ab und stellen in der vorhin gemessenen Zone fest, daß die Wachstumsgeschwindigkeit nach der Dekapitation für einige Zeit gesteigert ist (vgl. S. 137).

Dieses Ergebnis erklärt sich aus der Tatsache, daß das Auxin in der Wurzel in überoptimaler, d. h. das Streckungswachstum bereits hemmender Konzentration vorliegt. Durch die Dekapitation wird nun hier wie beim Sproß die Auxinmenge verringert, dadurch aber bei der Wurzel bewirkt, daß die Wirkstoffkonzentration in den optimalen Bereich verschoben und die Zellstreckung gefördert wird. (Beachte auch Abb. 13.)

Versuch 26. Grundversuch zur Demonstration der Bedeutung des Streckungswuchsstoffes für die höheren Pflanzen. In 3 Töpfe setzen wir je 10 gleich weit entwickelte Keimlinge von *Helianthus annuus*. Haben diese eine Länge von 4 cm erreicht, werden die Keimlinge zweier Töpfe dekapitiert, d. h. die Hypokotyle mit einem Rasiermesser 4 mm unterhalb des Keimblattansatzes durchschnitten. Die Pflanzen des dritten Topfes bleiben dagegen zur Kontrolle unversehrt. Auf den Schnittflächen einer Serie der dekapitierten Keimpflanzen tragen wir nun mit einer Lanzettnadel Paste (s. Anhang S. 150) aus einer 0,001 norm. β-Indolylessigsäure (Mol.-Gew. 175,08) auf, während die Dekapitationsflächen der anderen Serie entsprechend mit Wasserpaste behandelt werden. — Wir werden nach kurzer Zeit feststellen, daß die nicht dekapitierten Keimlinge sowie die nach der Dekapitation mit der β-I.-Paste versorgten ungestört weiterwachsen. Dagegen stellen die Keimpflanzen, auf deren Dekapitationsfläche die Wasserpaste aufgetragen wurde, bereits nach wenigen Stunden ihr Streckungswachstum endgültig ein.

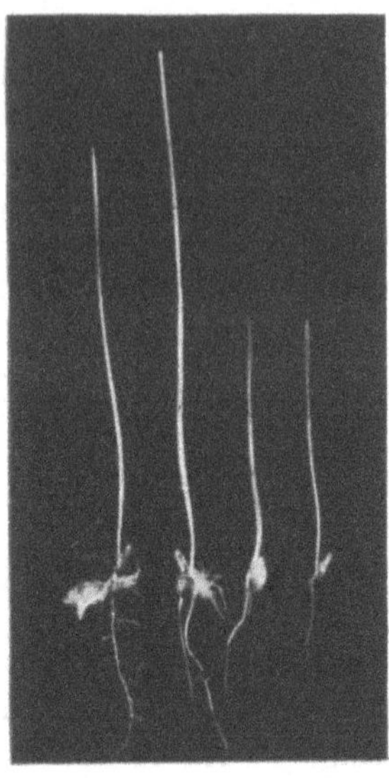

Abb. 11. *Avena*-Keimlinge aus angeschnittenen und mit Zuckerlösungen extrahierten Karyopsen (rechts) und die der unbehandelten Kontrolle (links). Zu Versuch 27a. (Aus R. POHL 1936.)

Nach 2 Tagen treten die Unterschiede in der Hypokotyllänge sehr deutlich hervor. Nach weiteren 3—5 Tagen zeigt es sich aber, daß die mit der β-Indolylessigsäure versorgten Pflanzen in ihrem Streckungswachstum nicht mit den unbehandelten Schritt zu halten vermögen, da ihnen einmal die nötigen Nährstoffe, aber auch verschiedene Wirkstoffe, u. a. die Auxine aus den Keimblättern, fehlen.

Versuch 27. Bedeutung der Endospermwuchsstoffe für die Keimlingsentwicklung:

a) Abhängigkeit der Keimlingsentwicklung vom Vorrat an Streckungswuchsstoffen im Endosperm. Haferkörner werden an mehreren Stellen der Schale mit einer feinen Nadel angestochen, ohne daß der Embryo dadurch verletzt wird, und abwechselnd je 2 Stunden in destilliertem Wasser und einer 2 mol. Rohrzuckerlösung gebadet. Während der Nacht können die Karyopsen im Wasser verbleiben. Diese Behandlung wird über 2—3 Tage fortgesetzt.

Die Keimlinge ziehen wir nun in der gewohnten Weise im Dunkeln heran. Vergleiche die Koleoptil- und Primärblattlänge unbehandelter und im Wechselbad angequollener Keimlinge (Abb. 11).

Durch die hier angewendete Behandlung wird aus dem Endosperm eine beträchtliche Menge von Auxin und anderen Wirkstoffen extrahiert, so daß den Keimlingen nur noch ein geringer Vorrat bleibt und ihre Entwicklung dadurch gehemmt ist.

POHL, R.: Planta (Berl.) **25**, 720 (1936).

b) Abhängigkeit der Keimlingsentwicklung von der Größe des Endosperms. Wir benötigen für diesen Versuch 4 Serien mit je 25 entspelzten Haferkörnern. Von der I. Serie schneiden wir mit einem scharfen Skalpell $^1/_3$, von der II. $^2/_3$ und von der III. $^3/_3$ des Endosperms fort und quellen diese Getreidekörner gleichzeitig mit der Kontrollserie, der das Endosperm ganz belassen wurde, in Leitungswasser ein. Beachte nun zunächst die Keimungsgeschwindigkeit in den 4 Serien. Nach dem Ankeimen aller Embryonen beobachten wir deren weitere Entwicklung im Dunkeln über einen Zeitraum von 8—14 Tagen.

Die Keimungsgeschwindigkeit der Karyopsen ist um so größer, je mehr von dem Endosperm abgeschnitten wurde. Die weitere Entwicklung, vor allem der Primärblätter, wird dagegen durch das Beschneiden des Endosperms stark gehemmt.

POHL, R.: Planta (Berl.) **25**, 720 (1936).

c) Förderung der Zellstreckung wuchsstoffarmer Keimlinge durch β-Indolylessigsäure. Um den Nachweis zu erbringen, daß den Keimlingen aus den beiden vorhergehenden Versuchen durch Beschneiden des Endosperms bzw. durch das Wechselbad Streckungswuchsstoffe entzogen wurden und die Blätter aus dem Grunde nicht die normale Länge erreichen konnten, baden wir die Keimlinge jeden 2. Tag in einer 0,001 norm. β-Indolylessigsäure. Die Koleoptilen und vor allem die Primärblätter strecken sich jetzt stärker und erreichen die Länge der unbehandelten Kontrollen. Vergleiche dazu das Ergebnis des folgenden Versuches.

PFAHLER, E.: Jb. Bot. **86**, 675 (1938).

Versuch 28. Fütterung wuchsstoffarmer Keimlinge mit genuinen Streckungswuchsstoffen und Auxinaktivatoren durch das Endosperm. Bei 200 entspelzten Haferkörnern schneiden wir an dem dem Embryo gegenüberliegenden Pol $^1/_3$ des Endosperms ab und baden die Körner dann 12—24 Stunden lang in fließendem Wasser. Die so vorbehandelten Karyopsen legen wir nun zu 4 gleichen Portionen in offenen PETRI-Schalen im Dunkeln zur Keimung aus. Das Filtrierpapier der I. Schale feuchten wir mit 10 ccm Wasser an, das der II. mit einer 0,01 norm. β-Indolylessigsäure, das der III. mit der wässerigen Lösung von genuinen Streckungswuchsstoffen, die wir nach den in Vers. 31a gegebenen Vorschriften mit 75 ccm Äther aus 20 g Maisklebermehl extrahierten. Das Keimsubstrat der IV. Schale schließlich feuchten wir mit 10 ccm einer um das Zehnfache verdünnten Lösung des Auxinextraktes aus Schale III an. Nach der Keimung der Karyopsen vergleichen wir die Endlänge der Koleoptilen der vier Serien, vergleichen sie auch mit der entspelzter, aber sonst nicht weiter vorbehandelter Karyopsen (V.). Es dürfen in diesem Versuch naturgemäß nur solche Keimlinge einander gegenübergestellt werden, deren Keimung gleichzeitig erfolgte; denn diese wird im allgemeinen durch den Wuchsstoff etwas verzögert.

Abb. 12. Haferkeimlinge aus extrahierten Karyopsen mit verschiedenen Wuchsstoffen durch das Endosperm gefüttert. Von links nach rechts: 1. je 3 Keimlinge aus normalen, nicht extrahierten Körnern. 2. extrahiert, 3. extrahiert und mit Auxin gefüttert, 4. extrahiert und mit β-Indolylessigsäure gefüttert, 5. extrahiert und gefüttert mit Phenylessigsäure. Zu Versuch 28. (Aus R. Pohl, 1936)

Wir finden (Abb. 12), daß die Koleoptilen in der I. Serie (H_2O) sehr kurz sind. Auch in der II. Portion (0,01 norm. β-Indolylessigsäure) ist deren Endlänge nicht gesteigert; oft sind hier die Koleoptilen sogar noch kleiner, obwohl die Keimlinge mit ihren Wurzeln und der Schnittfläche der Karyopsen in die Lösung des synthetischen Wuchsstoffes eintauchen. Dieser Streckungswuchsstoff vermag aber im Gegensatz zu dem genuinen Auxin nicht in den Koleoptilen aufzusteigen. Dagegen fördert nun das genuine Auxin das Streckungswachstum der Koleoptilen (Versuchsserie III, IV), die hier bei optimaler Konzentration die gleiche oder sogar größere Länge erreichen als die unbehandelten Kontrollen im V. Versuch (vgl. Vers. 27 und Abb. 12).

Pohl, R.: Planta (Berl.) **25**, 720 (1936). — Voss, H.: Planta (Berl.) **30**, 252 (1939).

C. Extraktion und Test der Streckungswuchsstoffe.

Für den Nachweis der Wirkstoffe sind bestimmte biologische Methoden, die sog. „biologischen Teste", ausgearbeitet worden. Sie ermöglichen uns nicht nur den qualitativen, sondern auch den quantitativen Nachweis der Wirkstoffe. Weiter geben sie uns die Möglichkeit, Verfahren zu entwickeln, um die Wirkstoffe aus dem Gewebe zu extrahieren und dann bis zum chemisch reinen Stoff anzureichern.

Versuch 29. Avena-Test:

a) Ausführung des Avena-Testes auf Auxin (zugleich Anwendung der Agar-Abfangmethode). Für die meisten Untersuchungen wird der Siegeshafer aus Svalöf (Schweden) verwendet, der als Nachzucht von verschiedenen Saatzüchtern zu beziehen ist. Wir quellen die Karyopsen am hellen Tageslicht und bei niederen Temperaturen ein, um so die Ausbildung des Mesokotyls zu verhindern. Nach der Keimung pflanzen wir die Körner in Präparategläser oder praktischer in rechtwinklige Zinkblechkästen (Kantenlänge 1×1,5×5 cm), die mit gesiebter Gartenerde angefüllt sind. Dann stellen wir die Keimlinge in eine Dunkelkammer mit einer Temperatur von 22° und 95proz. relativer Luftfeuchtigkeit. Haben die etiolierten Koleoptilen eine Länge von 25 bis 35 mm erreicht, sind sie in dem für unsere Versuche günstigen Entwicklungsstadium.

Zunächst stellen wir uns bei phototropisch unwirksamem, rotem Licht je 10—12 völlig gerade gewachsene Keimlinge zu einer Serie zusammen und dekapitieren sie in folgender Weise: 2—3 mm unterhalb der Koleoptilspitze wird die Keimscheide mit einem scharfen Skalpell einseitig eingeritzt und die Spitze mit einer Pinzette abgebrochen. Das Primärblatt bleibt dabei zunächst unverletzt, wird dann aber mit Hilfe einer Pinzette etwas herausgezogen. Nach dieser Dekapitation können die Koleoptilstümpfe bereits als Testpflanzen benutzt werden. Besser ist es jedoch, wenn wir 2 Stunden nach der ersten Dekapitation (s. Vers. 24b) nochmals eine dünne Scheibe von den Koleoptilspitzen abheben und dann 10—15 Minuten später das den Wirkstoff enthaltende Agarplättchen einseitig auf die Breitseite des Koleoptilstumpfes mit einem Tropfen 15proz. Gelatine aufkleben. Die Testpflanzen sind nach der zweiten Dekapitation wuchsstoffempfindlicher und regenerieren nun auch keine „physiologische Spitze" mehr (vgl. Vers. 24b).

Die Agarplättchen für diesen Versuch gewinnen wir folgendermaßen: 3proz. Agar wird in einer PETRI- oder ESMARCH-Schale zu einer etwa 1 mm dicken Schicht ausgegossen. Nun stanzen wir aus dieser Platte mit einem Korken, in den mehrere Rasierklingen parallel zueinander im Abstand von 2 mm gleichmäßig tief eingedrückt wurden, kleine Plättchen von 2×2×1 mm Kantenlänge aus. Auf jeden Block stellen wir für 2 Stunden je eine Koleoptilspitze (Agar-Abfangmethode) und prüfen den Wuchsstoffgehalt dieses Plättchens in der vorher angegebenen Weise. 2 Stunden nach dem Aufsetzen des Agarwürfels auf den Koleoptilstumpf messen wir den Krümmungswinkel der Testpflanze, indem wir von dieser im parallelen, roten Licht ein Schattenbild entwerfen.

Liegen Extrakte zum Testen vor, so wird der verflüssigte, 3proz. Agar mit dem von den Extraktionsmitteln vollständig befreiten Rückstand vermischt. Nach dem Erstarren lassen wir den Agar zunächst noch für einige Stunden bei Lichtabschluß in einem mit Wasserdampf gesättigten Raum stehen, um so eine gleichmäßige Verteilung des Wuchsstoffes im Agar zu erreichen. Dann schneiden wir den Agar wie vorher in Würfelchen und kleben diese seitlich mit verflüssigter Gelatine auf die dekapitierten *Avena*-Koleoptilstümpfe.

WENT, F. W.: Rec. Trav. bot. néerl. **25**, 1 (1929). — BOYSEN-JENSEN, P.: Planta (Berl.) **31**, 653 (1941).

Auf geringere Auxinmengen als der WENTsche *Avena*-Test spricht der *Cephalaria*-Test an.

SÖDING, H.: Ber. dtsch. bot. Ges. **53**, 331 (1935); Jb. Bot. **85**, 770 (1937). Hier ist die Empfindlichkeit zu verschiedenen Jahreszeiten jedoch sehr unterschiedlich. — Vor allem von amerikanischen Forschern wird der theoretisch noch nicht ganz geklärte Erbsen-Test angewendet.

WENT, F. W.: Proc. Kon. Akad. Wetensch. Amsterdam **37**, 547 (1934). — JOST, L.: Z. Bot. **33**, 193 (1938).

b) Abhängigkeit der Größe des Krümmungswinkels von der Wuchsstoffkonzentration. Im *Avena*-Test stellen wir den Krümmungswinkel fest, den auf dekapitierte Koleoptilstümpfe einseitig aufgesetzte Agarblöcke hervorrufen. Wir vergleichen die Wirkung von Agarblöckchen, auf denen für je 2 Stunden 4, 3, 2 und 1 Koleoptilspitze gestanden haben. Führe diese Agar-Abfangextraktion in einem wasserdampfgesättigten Raum durch, damit der Agar nicht austrocknet.

Andererseits verdünnen wir den Wuchsstoffgehalt der Agarplättchen, auf denen nur 1 Koleoptilspitze stand, mit 3proz. Agar auf $^1/_2$, $^1/_4$, $^1/_8$ usw. Zeichne nun die gefundenen Werte für die Krümmungswinkel (Durchschnittswerte von mindestens 10 Testpflanzen) auf Millimeterpapier in Abhängigkeit von der Anzahl der Koleoptilspitzen, die auf dem Agar standen, auf. Führe einen entsprechenden Versuch mit 0,01 norm. bis 0,00001 norm. β-Indolylessigsäure durch.

Wir finden, daß der Krümmungswinkel nur innerhalb bestimmter Grenzen der Wuchsstoffmenge im Agarwürfelchen proportional ist und daß höhere Wuchsstoffkonzentrationen keine Wachstumsförderung mehr, sondern eine Hemmung, d. h. in unserem Versuch eine +-Krümmung, ergeben. Wir erhalten nach graphischer Darstellung der gefundenen Werte eine sog. Testkurve, die es uns ermöglicht, die aus anderen Organen gewonnenen Auxinmengen quantitativ vergleichend zu bestimmen.

Versuch 30. Kressewurzeltest. Für die Wuchsstofforschung hat in den letzten Jahren ein neuer Test, der sog. Kressewurzeltest, eine sehr große Bedeutung gewonnen, da dieser gegenüber dem *Avena*-Test manche Vorteile bietet, vor allem den der leichteren und exakteren

Durchführbarkeit. Sehr günstig ist auch, daß bei diesem neuen Test mit völlig intakten Pflanzen gearbeitet wird. Nach den Vorschriften von MOEWUS wird dieser Wuchsstofftest folgendermaßen vorbereitet, angesetzt und durchgeführt:

a) Vorbereitung zum Test. Sämtliche zu dem Versuch verwendeten Glassachen sollen vordem mit Chromschwefelsäure behandelt, dann $^1/_2$ Tag in fließendem Leitungswasser gebadet, anschließend mit kochendem bidest. Wasser übergossen und gewaschen werden. Schließlich erfolgt die 2stündige Sterilisation der Geräte bei 150°. — Die Auswahl des Saatgutes ist für das Gelingen des Versuches besonders wichtig. Vorgeschlagen wird von MOEWUS *Lepidium sativum*-Saatgut der Firma Karl Hild, Marbach a. N., das zumindest 5 Monate, aber höchstens 3 Jahre alt sein und eine Keimfähigkeit von 90% nach 20stündiger Quellung haben soll. Für die Gleichmäßigkeit der Ergebnisse ist es wichtig, aus dem Saatgut die kleinen (tauben) und extrem großen Samen zum Versuch abzusondern und stets gleichmäßig große Samen zu verwenden.

b) Anzucht der Keimlinge. Knapp einen Tag vor dem eigentlichen Versuchsbeginn legen wir etwa 100 ausgesuchte Kressesamen in 9 cm-PETRI-Schalen auf 2 Lagen Filterpapier (Schleicher & Schüll, Nr. 595) so aus, daß ein möglichst gleicher Abstand zwischen den einzelnen Körnern besteht, auf keinen Fall aber eines das andere berührt. Die Filter werden nun mit 6 ccm dest. Wasser angefeuchtet und die Schalen in einen Dunkelkeimschrank (s. S. 154) mit der Konstanztemperatur von 27° C gestellt. In gleicher Weise werden für jede Wuchsstoffbestimmung 4 Wiederholungen angesetzt, d. h. jeweils 4 Schalen mit je 100 Kressesamen vorbereitet.

18—24 Stunden nach dem Anquellen ist das Saatgut bereits in hohem Maße zur Keimung gekommen. Von diesen Keimlingen suchen wir aus jeder Schale etwa 10 sog. Schnellkeimer heraus, die eine völlig gerade Keimwurzel mit einer Länge (Wurzelspitze bis Ende der Wurzelhaarzone) von genau 5 mm besitzen. Bei diesen Längenmessungen dürfen die Meßfehler höchstens $\pm 0{,}5$ mm betragen. Diese Messungen führen wir folgendermaßen durch: Unter einen Objektträger kleben wir einen passenden Streifen Millimeterpapier und legen dann auf den Objektträger die zu messenden Wurzeln. Bei diesen Manipulationen darf der Keimling natürlich in keiner Weise mechanisch beschädigt werden, was bei fehlender Achtsamkeit leicht passiert, da die gequollenen Samen infolge der Schleimschicht sehr glatt sind. Aus diesem Grunde sollen die Keimlinge nicht mit einer spitzen, sondern mit einer kurzen, breiten Pinzette mit möglichst geringer Federkraft aufgenommen werden.

c) Durchführung und Auswertung des Testes. Die 10 ausgesuchten Keimlinge legen wir nun völlig eben in neuen PETRI-Schalen auf 2 Lagen

Filterpapier in 2—3 Reihen sauber aus und feuchten das Filterpapier mit 5 ccm der jeweiligen Versuchslösung an. Jeder Versuch wird, wie bereits gesagt, mit 4 Wiederholungen angesetzt. Dazu kommt jeweils eine vollständige Wasserkontrolle mit dest. Wasser. Diese Schalen bleiben für 17 Stunden in einem Dunkelraum bei einer Konstanztemperatur von 27° C stehen. Nach dieser Zeit bestimmen wir den Zuwachswert jeder einzelnen Wurzel und ermitteln den durchschnittlichen Zuwachswert der für einen Versuch durchgeführten 40 Einzelmessungen.

Diesen Versuch führen wir zunächst für verschieden konzentrierte β-Indolylessigsäure-Lösungen durch und stellen fest, daß die Lösungen

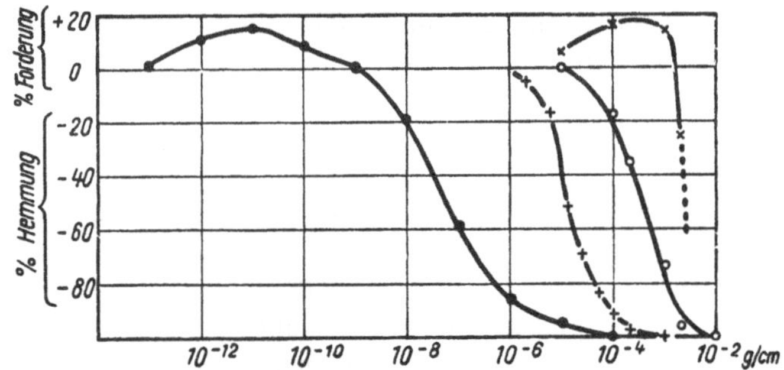

Abb. 13. Zur Methodik des Kressewurzeltestes.
Wirkungskurven: der β-Indolylessigsäure —·—·—·—, des Kumarins +-+-+-+, der Parasorbinsäure o—o—o—o und σ-Kaprolakton ×-×-×-×. Angegeben sind die prozentualen Förderungen (+) und Hemmungen (−) gegenüber der Wasserkontrolle (= 0-Linie). Konzentrationen g/ccm. Zu Versuch 30 (aus Moewus).

10^{-2}—10^{-8} g β-I./ccm das Längenwachstum der Wurzeln hemmen, daß dieses dagegen durch Lösungen mit 10^{-10}—10^{-12} g β-I./ccm gefördert wird. Die ermittelten Durchschnittswerte werden graphisch zu einer Testkurve zusammengestellt (Abb. 13), die dann die Abschätzung anderer uns in bezug auf den Wirkstoffgehalt noch unbekannter Extrakte ermöglicht. Diese Extrakte müssen jedoch stets so weit verdünnt werden, daß sie in die Wuchsstoffkonzentrationsstufen kommen, die das Längenwachstum fördern.

d) Bei jedem Ansetzen der Versuche ist größter Wert auf die Wasserkontrolle zu legen. Sie zeigt an, ob die Versuchsbedingungen derart waren, daß die Hemmungen oder Förderungen der getesteten Lösung nicht innerhalb der technischen Fehlergrenzen liegen. Nur wenn in der Wasserkontrolle die Kressewurzeln 1 mm pro Stunde (±0,3—0,4 mm) gewachsen sind, sind die Bedingungen optimal. Alle Versuchsreihen, bei denen die gleichzeitig angesetzten Wasserkontrollen von diesem Wert abweichen, müssen wiederholt werden. Entspricht die Wasserkontrolle diesen Anforderungen, dann sind die gemessenen Hemmungs- oder

Förderungswerte tatsächlich auf die Wirkung der Testlösungen zurückzuführen. Die Ergebnisse sind dann auch bei ungleichzeitigen Bestimmungen quantitativ vergleichbar.

MOEWUS, F.: Biol. Zbl. **68**, 118 (1949).

Versuch 31. Extraktion der Streckungswuchsstoffe:

a) Wuchsstoffextraktion mit Äther-Alkohol. 10 g Frischmaterial des zu untersuchenden Objektes werden etwas zerkleinert und in einem ERLENMEYER-Kolben mit 50 ccm über $FeSO_4$ und CaO frisch destilliertem Äther, 5 ccm 96proz. Alkohol und 0,5 ccm 10proz. Essigsäure übergossen. Nach 12 Stunden gießen wir den Extrakt ab und erneuern die Extraktionsflüssigkeit. Nach weiteren 12 Stunden dampfen wir die gesammelten Rohextrakte (elektr. Kocher!) ein und nehmen den Rückstand mit 15 ccm 0,1proz. $NaHCO_3$ auf. Diese Lösung wird dreimal mit frisch destilliertem Äther ausgeschüttelt, die Ätherphase verworfen, die wäßrige Phase abgetrennt und mit Essigsäure schwach angesäuert. Nun schütteln wir diese Lösung wiederum dreimal mit destilliertem Äther aus, dampfen die Ätherextrakte ein, trocknen den Rückstand im Exsikkator über $CaCl_2$ und verreiben ihn gründlich mit 1 g Wasserpaste (Wollfett: Wasser = 1 : 1) (s. S. 150). Die Paste wird auf ihren Wuchsstoffgehalt im *Avena*- oder *Lepidium*-Test (s. Vers. 29a, 30) geprüft.

Auxin löst sich im Äther nur in schwach saurer Lösung und wird durch Spuren von Peroxyden, wie sie im käuflichen Äther stets enthalten sind, zerstört. Außerdem ist dieser Wuchsstoff photo-labil; die Lösungen müssen daher im Dunkeln aufbewahrt werden.

Diese Extraktionsmethode bietet den großen Vorteil, daß wir ziemlich reine Auxinpräparate erhalten. Für eine schnelle Wuchsstoffgewinnung aus pflanzlichem Gewebe genügt es aber in vielen Fällen, das Gewebe etwas zu zerkleinern und dann mit frisch destilliertem Äther im Soxhlet 2 Stunden zu extrahieren. Der Extrakt wird eingedampft und wie vorher mit Wasserpaste verrieben.

LINSER, H.: Planta (Berl.) **29**, 392 (1939). — BOYSEN-JENSEN, P.: Planta (Berl.) **31**, 653 (1941).

b) Wuchsstoffextraktion aus Wurzelspitzen mit Dextrose-Agar. Mit Hilfe der Agar-Abfangmethode (s. Vers. 29a) und anderer Extraktionen läßt sich aus den Wurzelspitzen im allgemeinen kein oder nur sehr wenig Auxin gewinnen. Dies gelingt dagegen sehr gut nach dem folgenden, von BOYSEN-JENSEN ausgearbeiteten Verfahren:

Wir stellen uns aus 3 g ausgewaschenem Agar, 10 g reiner Dextrose (d-Glucose) und 100 ccm Wasser einen Agar her, von dem wir etwas zu einer 1 mm hohen Schicht auf eine angewärmte Glasplatte gießen (z. B. 10 ccm auf 100 qcm). Nach dem Erstarren schneiden wir aus dem Agar Quadrate von 2 mm Kantenlänge heraus (s. S. 35) und legen diese Plättchen auf einen Objektträger, befeuchten sie mit einem Tropfen Leitungswasser und setzen auf jeden Block eine 2 mm lange Wurzelspitze von *Vicia faba*- oder *Zea mays*-Keimlingen mit der Schnittfläche auf. Wir bringen den Objektträger für 4 Stunden in einen wasserdampfgesättigten Raum. Darauf entfernen wir die Wurzelspitzen und befeuchten dann die Agarblöckchen mit einer Lösung von 50 ccm Alkohol + 50 ccm Wasser und 1 g Zitronensäure und bewahren sie in einem sterilen, wasserdampfgesättigten Raum bei möglichst niederer Temperatur auf. Spätestens am nächsten Tage setzen wir die Agarblöckchen auf dekapitierte *Avena*-Keimlinge einseitig auf und messen in der gewohnten Weise den Krümmungswinkel (s. Vers. 29). Zur Kontrolle legen wir auf weitere dekapitierte Testpflanzen gleichbehandelte Agarblöcke der gleichen Zusammensetzung, die aber nicht mit Wurzelspitzen in Berührung kamen. Letztere Würfel bewirken keine einseitige Beschleunigung des Streckungswachstums.

Boysen-Jensen, P.: Planta (Berl.) **19**, 345 (1932).

c) Wuchsstoffextraktion mit Hilfe eines elektrischen Potentials. Zwei rechtwinklig gebogene Glasrohre mit einem Durchmesser von etwa 3 cm werden mit je 10 g Haferschrot oder Maisklebermehl gefüllt. Dann setzen wir die Rohre mit einem Schenkel fest aneinander und verbinden sie mit einem breiten Streifen Leukoplast zu einem zusammenhängenden, wasserdichten System. In beide freie Schenkel geben wir nun etwa 25 ccm destilliertes Wasser, lassen das Mehl 10 Stunden darin quellen und führen darauf in die Flüssigkeit beider Schenkel je eine Platinelektrode ein, an die wir für 24 Stunden eine Gleichstromspannung von 10—15 Volt anlegen, also z. B. drei hintereinandergeschaltete Taschenlampenbatterien mit je 4,5 Volt.

Nach dieser Zeit trennen wir die beiden Winkelstücke vorsichtig, ohne dabei Substanz oder Quellungsflüssigkeit zu verlieren, und extrahieren den Inhalt der beiden Rohre getrennt mit je 25 ccm 96proz. Alkohol in einem Kolben mit aufgesetztem Rückflußkühler auf einem Wasserbad. Nach 5stündiger Extraktion filtrieren wir das Mehl ab und dampfen die Filtrate auf dem Wasserbad ein. Die Rückstände nehmen wir mit 1 g Wasserpaste, die wir gründlich durchkneten, auf und testen den Anoden- und Kathodenextrakt im *Avena*- oder *Lepidium*-Test (s. Vers. 29, 30). Wir werden dann feststellen, daß der Wuchsstoff kataphoretisch fast quantitativ zur Anode gewandert ist.

Pohl, R.: Planta (Berl.) **25**, 720 (1936).

Versuch 32. Die nicht artspezifische Wirkung der Streckungswuchsstoffe. Entsprechend den in Vers. 29 gegeben Vorschriften gewinnen wir nach der Agar-Abfangmethode aus Maiskoleoptilspitzen Auxin und testen durch Messung des Krümmungswinkels den Wuchsstoffgehalt der Agarplättchen, die wir einseitig auf die Breitseite dekapitierter *Avena*-Koleoptilen kleben. Der aus Maiskeimlingen gewonnene

Wuchsstoff bewirkt auch bei den Haferkeimlingen eine einseitige Förderung des Streckungswachstums.

Söding, H.: Jb. Bot. 82, 534 (1936).

Versuch 33. Bestimmung des Wuchsstoffgehaltes einer Keimpflanze. Etwa 100 *Avena*-Koleoptilen werden bis zu einer Länge von 3 cm im Dunkeln herangezogen. Dann zerlegen wir sie in 6 gleich lange Zonen und extrahieren aus jeder den Wuchsstoff nach der in Vers. 31a gegebenen Vorschrift. Der Auxingehalt wird mit Hilfe des *Avena*-Testes (Vers. 29a) bestimmt. Achte bei diesen Versuchen darauf, daß die Proportionalitätsregel für den Krümmungswinkel und die Wuchsstoffkonzentration besteht (Vers. 29b), überzeuge dich also davon, daß ein Agarwürfel mit dem ursprünglichen Wuchsstoffgehalt einen doppelt so großen Krümmungswinkel bewirkt wie ein Würfel, in dem das extrahierte Auxin gleichen Quantums mit der doppelten Menge 3proz. Agars aufgenommen wurde. Führe eine entsprechende Bestimmung auch mit Hilfe des *Lepidium*-Testes durch.

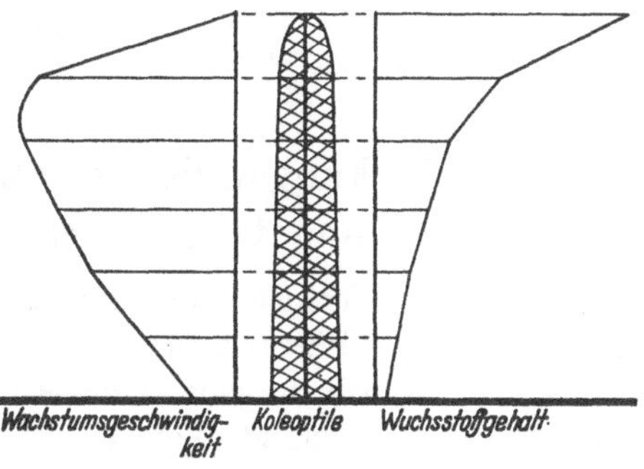

Abb. 14. Wuchsstoffgehalt und Wachstumsgeschwindigkeit einer 3 cm langen *Avena*-Koleoptile. (Nach Zahlen von K. V. Thimann, 1934.) Zu Versuch 33. (Orig.)

Vergleiche nun in einer Parallelserie die Wachstumsgeschwindigkeit der 6 Zonen mit dem Wuchsstoffgehalt der gleichen Koleoptilabschnitte (Abb. 14).

Thimann, K. V.: J. gen. Physiol. 18, 23 (1934).

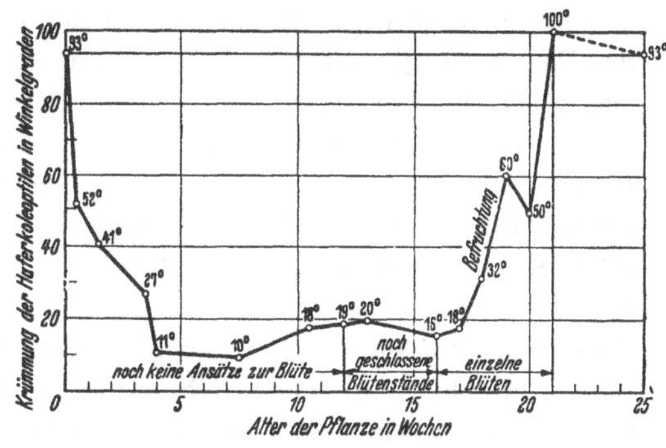

Abb. 15. Änderung des Wuchsstoffgehaltes einer Sonnenblumenpflanze während ihrer Entwicklung. Zu Versuch 34. (Nach F. Laibach u. F. Meyer, 1935.)

Versuch 34. Änderung des Wuchsstoffgehaltes einer Pflanze während ihrer Entwicklung. Mit Hilfe der Ätherextraktionsmethode (Vers. 31a) bestimmen wir den Gehalt an aktiven Auxinen (Abb. 15) gewichtsgleicher Mengen von verschiedenen Organen der Sonnenblume während ihrer Entwicklung. Zu diesen Versuchen vergleichen wir folgende Organe: 1.) ungequollene

Früchte, 2.) 2—3 Tage gequollene Früchte, 3.) Keimlinge im Alter von 1—3 Wochen, 4.) die Kotyledonen dieser Keimlinge gesondert, 5.) Sproßteile einer ausgewachsenen Pflanze, 6.) sich entwickelnde und bereits ausgewachsene Blätter, 7.) Blütenknospenanlagen, 8.) Blüten vor und nach der Befruchtung, 9.) Pollenkörner, 10.) junge, noch nicht ausgereifte Früchte (Abb. 15).

Laibach, F., u. F. Meyer: Senckenbergiana **17**, 73 (1935). — Söding, H.: Flora (Jena) **132**, 425 (1938).

D. Wirkungsweise der Streckungswuchsstoffe und Analyse der Zellstreckung.

Die ersten Versuche aus diesem Kapitel zeigen uns sowohl die unterschiedliche Wuchsstoffempfindlichkeit der einzelnen Gewebeteile (Vers. 35) als auch die eines Organs in entwicklungsphysiologisch verschieden altem Zustand (Vers. 37, 38). Die Wuchsstoffempfindlichkeit einer Zelle wird neben diesen Alterungsprozessen weiter durch Überschwemmung mit großen Wuchsstoffmengen sehr stark vermindert (Vers. 36).

Die weiteren Versuche sollen uns die Mechanik der Zellstreckung (= irreversible Volumenvergrößerung der Zellen ohne Bildung von Membransubstanzen) und des Streckungswachstums (= irreversible Volumenvergrößerung der Zellen unter Bildung und Einlagerung von Membransubstanzen) veranschaulichen. Sie zeigen uns, daß der osmotische Wert (Vers. 39) und damit der Turgordruck in den wachsenden Zellen geringer sind als in den nicht wachsenden, die Zellstreckung also nicht durch Steigerung des osmotischen Binnendruckes der Zelle ausgelöst wird. Daß eine Steigerung des anosmotischen Binnendruckes (= Steigerung der Viskosität des Zytoplasmas) unter bestimmten Versuchsbedingungen eine Volumenvergrößerung der Zelle bewirken kann, erfahren wir aus den Vers. 40, 41. Wichtiger als die Änderungen dieser osmotischen Zustandsgrößen und zytoplasmatischen Eigenschaften der Zelle sind die Änderungen der Membraneigenschaften, vor allem die Steigerung der plastischen Dehnbarkeit der Membranen (Vers. 42, 43) sowie die Steigerung der Wasserpermeabilität. Die Zellstreckung können wir demnach in der Weise erklären, daß die Membranen nach Einwirken der Streckungswuchsstoffe wesentlich plastisch dehnbarer werden, so daß selbst bei einem verminderten Turgordruck nach Steigerung der Wasserpermeabilität eine irreversible Überdehnung der Zellwände erfolgt.

Versuch 35. Optimum der Wuchsstoffkonzentration für Sproß und Wurzel. An die Wachstumszone etiolierter, 3 Stunden vor Versuchsbeginn dekapitierter *Helianthus*-Hypokotyle legen wir schmale Filterstreifen einseitig an, die mit ihrem freien Ende in Glasnäpfchen mit einer Wuchsstofflösung bestimmter Konzentration (s. u.) eintauchen. Um den Streifen einen besseren Halt zu geben, binden wir sie an den Hypokotylen evtl. mit einem Faden locker fest. 3 Stunden nach Versuchsbeginn wird an den Schattenbildern der Krümmungswinkel gemessen.

Entsprechende Versuche setzen wir mit *Vicia faba*-Wurzeln an, deren Anzucht in der gleichen Weise geschieht, wie es im Vers. 17b beschrieben wurde. Haben die Wurzeln eine Länge von 2—3 cm erreicht, dekapitieren wir sie um 1 mm an der Wurzelspitze und stecken die Wurzelstümpfe für 3 Stunden wieder in die im Sägemehl senkrecht vorgebohrten Löcher. Danach bringen wir die nun wuchsstoffarmen Wurzeln in vertikaler Lage in einen wasserdampfgesättigten Raum und legen schmale Filterstreifen, die in bestimmt konzentrierte Wuchsstofflösungen eintauchen, einseitig an die Wurzelstümpfe an. 3 Stunden nach Versuchsbeginn wird der Krümmungswinkel gemessen.

Für beide Serien bestimmen wir die Wirkung von β-Indolylessigsäurelösungen der Konzentrationen 10^{-12}—10^{-2} norm. und zeichnen uns aus den Durchschnittswerten von je 15—20 Versuchspflanzen eine Wirkungskurve des Wuchsstoffes für Wurzel und Sproß. — Die optimale Wuchsstoffkonzentration liegt für das Hypokotyl bedeutend höher als für die Wurzel (vgl. Vers. 25, 30, Abb. 13).

Amlong, H. U.: Jb. Bot. **83**, 773 (1936).

Versuch 36. Herabsetzung der Wirkstoffempfindlichkeit nach Überschwemmung der Gewebe mit Wuchsstoffen.

a) 5—10 *Helianthus*-Hypokotyle werden in ihrer Wachstumszone mit einem 3 mm breiten Ring einer Wuchsstoffpaste versehen, die wir mit einer 0,01 norm. Lösung von β-Indolylessigsäure ansetzen. Etwa 2 Stunden später streichen wir eine Paste von einer 0,001 norm. Wuchsstofflösung einseitig auf die gesamte Hypokotyllänge und stellen fest, daß nach weiteren 3—4 Stunden noch keine Krümmung eingetreten ist, wie wir sie bei den Hypokotylen beobachten, denen nur die 0,001 norm. β-Indolylessigsäure einseitig geboten wurde.

b) In einer anderen Serie werden Hypokotyle, die mit einem Ring einer konz. Wuchsstoffpaste versehen wurden, geotropisch oder phototropisch gereizt. Wir stellen fest, daß diese Hypokotyle entweder überhaupt nicht oder nur sehr schwach auf den tropistischen Reiz reagieren.

Diehl, J. M., C. J. Gorter, G. van Iterson u. A. Kleinhoonte: Rec. Trav. bot. néerl. **36**, 709 (1939).

Versuch 37. Streckungszuwachs der Zellen aus verschiedenen Zonen eines Hypokotyls bei gleicher Wuchsstoffgabe. In der gewohnten Weise werden 100 Hypokotyle von *Helianthus annuus* bis zu einer Länge von etwa 4 cm herangezogen. Bei 20 von diesen erfolgt die

Dekapitation direkt unter der Ansatzstelle der Kotyledonen (Abb. 16), bei weiteren 20 Keimlingen 0,5 cm tiefer. In den nächsten Serien wird das Hypokotyl jeweils 1 cm tiefer durchschnitten. Auf die Schnittflächen geben wir nun gleiche Mengen einer Wuchsstoffpaste mit einer 0,001 norm. β-Indolylessigsäure und messen den Streckungszuwachs in der Zone, die jeweils 0,3—0,5 cm unterhalb der Dekapitationsschnittfläche liegt, mit Hilfe eines Horizontalmikroskopes 6, 12 und 24 Stunden nach Versuchsbeginn.

Die graphisch aufgetragenen Werte zeigen, daß die Zellen einer mittleren Zone das größte Reaktionsvermögen auf den Wuchsstoff besitzen.

RUGE, U.: Planta (Berl.) **27**, 352 (1937).

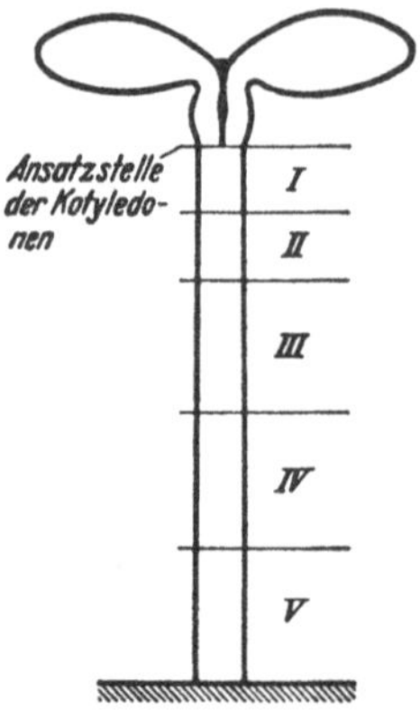

Abb. 16. Zonale Aufteilung eines *Helianthus*-Hypokotyls für Versuch 37—39. (Aus U. RUGE, 1937.)

Versuch 38. Streckungszuwachs gleich alter Zellen bei gleicher Wuchsstoffgabe zu verschiedener Zeit nach der Dekapitation. 4 cm lange *Helianthus*-Hypokotyle werden 4 mm unterhalb des Kotyledonenansatzes dekapitiert. In einer Serie geben wir sogleich auf die Schnittfläche eine Wuchsstoffpaste mit einer 0,001 norm. β-Indolylessigsäure, bei den anderen Versuchsreihen geschieht das gleiche nach 1, 2, 3 bis 10 Tagen. Nach dieser Vorbehandlung wird der Streckungszuwachs, der in dem obersten Zentimeter der Hypokotylstümpfe 24 Stunden nach der Wuchsstoffgabe erfolgte, mit einem Horizontalmikroskop bestimmt, und die gefundenen Durchschnittswerte von je 20 Einzelmessungen werden graphisch dargestellt.

Die Reaktionsfähigkeit auf eine bestimmte Wuchsstoffmenge nimmt nach der Dekapitation sehr schnell ab.

RUGE, U.: Planta (Berl.) **27**, 352 (1937).

Versuch 39. Änderung des osmotischen Wertes während des Streckungswachstums. Wir ziehen uns eine größere Anzahl von *Helianthus*-Keimlingen bis zu einer Länge von etwa 4 cm heran. Bei einem Teil dieser Pflanzen bestimmen wir nach der Methode der Grenzplasmolyse an einem Längsschnitt durch die primäre Rinde des obersten Zentimeters den osmotischen Wert. Der Og (= Osmotischer Wert bei Grenzplasmolyse) liegt hier etwa bei 0,45 mol. Traubenzucker (Mol.-Gew. = 180,1). Wiederholen wir diese Bestimmung bei Keimlingen, die 4 mm unter der Ansatzstelle der Kotyledonen dekapitiert wurden, dann stellen wir fest, daß der Og in den ersten Tagen nach der Dekapitation ständig ansteigt. Wurde jedoch den Keimlingen auf die Dekapitationsfläche eine Wuchsstoffpaste mit einer 0,001 norm. β-Indolylessigsäure aufgetragen, sinkt der Og bis 5 Tage nach der Dekapitation um etwa einen einer 0,13 mol. Traubenzuckerlösung entsprechenden Wert, steigt dann allerdings allmählich wieder auf den Ausgangswert an. Wie weitere Versuche zeigen würden, liegt auch der Turgordruck in den sich streckenden Zellen niedriger als in den sich nicht streckenden.

Bestimme auch in einer anderen Serie das osmotische Gefälle in einem Hypokotyl von der Kotyledonenansatzstelle bis zur Basis des Hypokotyls (Abb. 17).

RUGE, U.: Z. Bot. **31**, 1 (1937a); Planta (Berl.) **27**, 352 (1937b).

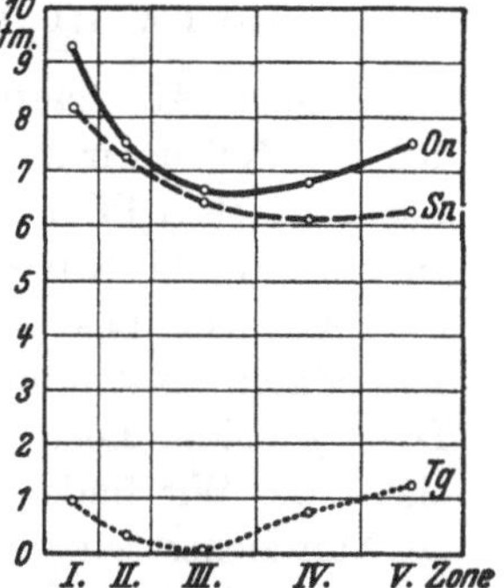

Abb. 17. Osmotische Zustandsgrößen in einem *Helianthus*-Hypokotyl. *On* osmotischer Wert, *Sn* Saugkraft, *Tg* Turgordruck. Aufteilung des Hypokotyls in die 5 Zonen s. Abb. 16. Zu Versuch 39. (Aus U. RUGE, 1937.)

Versuch 40. Plasmaviskosität wachsender und nicht wachsender Zellen. Wir ziehen uns mehrere *Helianthus*-Keimlinge bis zu einer Länge von 4—5 cm heran. Dann stellen wir uns nicht zu dünne Längsschnitte durch das Rindengewebe her, und zwar 1.) in der meristematischen Wachstumszone, d. h. wenige Millimeter unter dem Kotyledonenansatz, 2.) durch die Hauptstreckungszone und 3.) durch den basalen Teil des Hypokotyls. Diese Schnitte infiltrieren wir mit einer 0,6 mol. KNO_3-Lösung (Mol.-Gew. 101,1) und vergleichen sofort den Plasmolyseverlauf in den 3 Schnitten miteinander. Wir stellen fest, daß sich die Protoplasten der noch fast meristematischen Zellen des obersten Hypokotylabschnittes

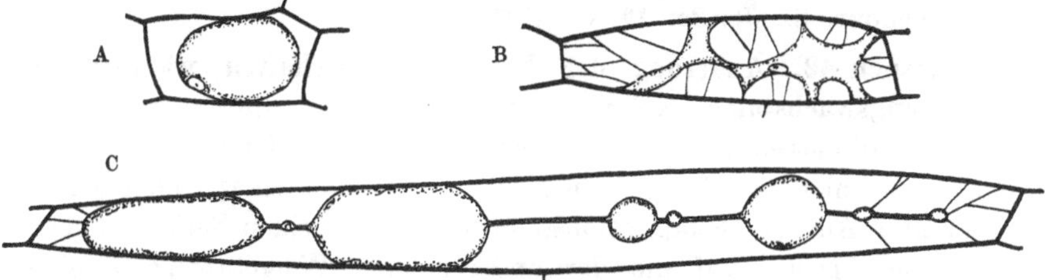

Abb. 18. Plasmolyseform meristematischer (A), sich streckender (B) und ausgewachsener (C) Zellen aus dem Hypokotyl von *Helianthus annuus*. Zu Versuch 40. (Nach S. STRUGGER, 1934.)

sehr schnell abrunden, ebenso die ausgewachsenen der basalen Zone. In der Hauptstreckungszone dagegen hebt sich der Protoplast in Form der Konkavplasmolyse von den Membranen ab und rundet sich erst nach weiteren Minuten völlig ab (Abb. 18). Hier ist also die Plasmaviskosität gegenüber der in den sich nicht streckenden Zellen gesteigert.

Sehr instruktiv und zugleich als Überleitung zu Vers. 41 läßt sich dieser Versuch auch mit jungen (roten) und älteren (blauen) Blüten von *Lathyrus vernus* wiederholen. Dazu infiltrieren wir Stücke aus den Blütenblättern dieser

Leguminose mit 0,5 mol. KNO_3. Die sogleich einsetzende Beobachtung zeigt uns für die Zellen mit dem roten, also stark sauren Zellsaft, eine Konkavplasmolyse, in den Zellen mit dem blauen Anthocyan, also der weniger sauren Vakuole, eine Konvexplasmolyse.

STRUGGER, S.: Jb. Bot. **79**, 406 (1934). — RUGE, U.: Z. Bot. **31**, 1 (1937); Flora (Jena) **134**, 311 (1940).

Versuch 41. Säurekrümmung. Eine etwa 10 cm hohe, schmale Küvette füllen wir zu $^4/_5$ mit einer Lösung I von 9,078 g prim. Kaliumphosphat (KH_2PO_4) in 1000 ccm frisch abgekochtem, bidest. Wasser. In eine zweite Küvette geben wir entsprechend eine Mischung aus 87 Teilen von Lösung I und 13 Teilen einer 1,1876proz. Lösung von sekundärem Natriumphosphat „nach SÖRENSEN" ($Na_2HPO_4 \cdot 2\,H_2O$). Die C_H beider Lösungen bestimmen wir mit Hilfe einer Chinhydronelektrode. Wir finden für I. p_H 4,6, für II. p_H 7,6.

Nun ziehen wir von 4—5 cm langen, am basalen Ende abgeschnittenen *Helianthus*-Hypokotylen mit einer Pinzette einen schmalen Epidermisstreifen über die ganze Hypokotyllänge ab, befestigen die Keimstengel mit ihren Kotyledonen mittels einer Nadel an einem Korken, den wir so in die Küvetten einklemmen, daß die Hypokotyle ganz in die Lösung eintauchen. Beobachte nun den Verlauf und den Grad der traumatischen Krümmung bei 25—27° während 6 Stunden. Wir stellen fest, daß sich die Hypokotyle in der neutralen Lösung nur wenig negativ traumatisch krümmen, dagegen in der sauren sehr stark. Bei dem einseitigen Eindringen der Lösung wird durch die saure Lösung eine stärkere Plasmaquellung auf der einen Seite des Hypokotyls bewirkt und damit eine plastische Überdehnung der Membranen.

STRUGGER, S.: Jb. Bot. **79**, 406 (1934).

Versuch 42. Änderung der Membraneigenschaften während des Streckungswachstums. Keimlinge von *Helianthus annuus* werden in kleine Zinkkästen mit der Kantenlänge $1 \times 1,5 \times 5$ cm eingepflanzt. Haben sie hier eine Länge von 2—3 cm erreicht, dekapitieren wir sie um 3 mm. Auf die Dekapitationsschnittfläche der einen Serie schmieren wir Wasserpaste, auf die der anderen eine Wuchsstoffpaste einer 0,001 norm. β-Indolylessigsäure. 18—48 Stunden nach der Dekapitation zeigen die Keimlinge die Veränderung der Membraneigenschaften sehr deutlich.

Um das zu demonstrieren, klemmen wir die Zinkkästen mit den Keimlingen beider Serien in einem Stativ in horizontaler Lage übereinander ein, stecken neben die Hypokotyle einen Stab von Hypokotyllänge in das Kästchen und hängen dann an das Hypokotylende mit einem Zwirnfaden (diesen in einer Schlinge um den Stumpf festlegen oder mit einem Tropfen etwas erwärmten Wachses ankleben) ein Gewicht von 2—3 g.

Die Hypokotyle biegen sich nun herab. Wir stellen aber fest, daß die mit Wuchsstoff versorgten Sprosse sich viel stärker herabkrümmen als die nicht behandelten, daß die Gesamtdehnbarkeit der wachsenden Pflanzen also höher ist als die der nicht wachsenden. Sind die Hypokotylstümpfe nun 10—15 Minuten lang belastet, dann nehmen wir die Gewichte ab. Die Sprosse richten sich nun wieder auf. Dabei erreichen die mit Wasserpaste behandelten Hypokotyle ziemlich die Horizontallage, die mit Wuchsstoff versorgten dagegen nicht. Es ist also die Überdehnung und damit die plastische Dehnbarkeit in den wachsenden Membranen bedeutend höher als in den nicht wachsenden.

Versuch 43. Zellphysiologische Bestimmung der Dehnungseigenschaften wachsender und nicht wachsender Membranen. Wir ziehen uns eine größere Anzahl von *Helianthus*-Keimlingen bis zu einer Länge von etwa 4 cm heran, dekapitieren sie und schmieren auf die Schnittfläche der einen Serie Wuchsstoffpaste (β-Indolylessigsäure 0,001 norm.), auf die der anderen Wasserpaste. 18 Stunden nach dieser Vorbehandlung ziehen wir von den Hypokotylstümpfen beider Reihen die Epidermis ab und schneiden mit einem Rasiermesser aus dem Hypokotyl einige Millimeter unterhalb der Dekapitationsschnittfläche einen etwa 5 mm langen Zylinder heraus, von dessen primärer Rinde wir dann zwei etwa 1,5 mm dicke Streifen abtrennen. Um eine Verkürzung der Gewebestreifen durch Verdunstung zu vermeiden, benetzen wir sogleich alle freigelegten Gewebeteile wie auch das Rasiermesser und unsere Finger mit Paraffinum liquidum.

Dann überführen wir die Streifen sehr vorsichtig mit einem Pinsel auf einen Objektträger und bestimmen ihre Länge mit Hilfe eines Mikroskopes bei etwa 35facher Vergrößerung. Die gemessene rel. Länge sei N. Nun werden die Streifen mit einer 0,5 mol. Traubenzuckerlösung (Mol.-Gew. = 180,1) infiltriert und bleiben 2 Stunden lang in einer gleichen Lösung in einem Esmarch-Schälchen liegen. Die Länge der plasmolysierten Streifen bezeichnen wir als P_1. Dann überführen wir die Streifen für 4 Stunden in Leitungswasser, wo sie sich bis zur vollen Turgeszenz strecken (Streifenlänge W). Schließlich kommen die Streifen wiederum für 2 Stunden in das Plasmolytikum (Streifenlänge P_2). Dann ist

die elastische Dehnung im Normalzustand $= \frac{(N - P_1)\,100}{P_1}\,\%$,

die elastische Dehnbarkeit $= \frac{(W - P_2)\,100}{P_1}\,\%$.

die plastische Dehnbarkeit $= \frac{(P_2 - P_1)\,100}{P_1}\,\%$.

Aus den Mittelwerten von je etwa 10—20 Streifen beider Serien stellen wir fest, daß alle Dehnungseigenschaften der Membran in der Wuchsstoffserie höher sind als in der Kontrollserie.

Die gleiche Untersuchung führen wir für den Längsgradienten eines 4 cm langen Hypokotyls in den in Abb. 14 dargestellten 5 Zonen durch.

Ruge, U.: Z. Bot. **31**, 1 (1937); Planta (Berl.) **27**, 352 (1937); **32**, 571 (1942).

E. Anwendung synthetischer Wirkstoffe und die Physiologie der Wirkstoffentstehung.

Wir erfuhren vordem auf S. 30, daß die β-Indolylessigsäure entweder inaktives Auxin aktiviert bzw. direkt als genuiner aktiver Streckungswuchsstoff aufzufassen ist. Da nun die meisten Organismen und entsprechend auch ihre Organe nur über eine suboptimale Wirkstoffkonzentration verfügen (s. auch Vers. 106 u. 107), ist es verständlich, daß die zusätzliche Versorgung eines Organs mit einem bestimmten Wirkstoff den Entwicklungsprozeß, der durch diesen gesteuert wird, nun über das gewohnte Maß fördert. So wird die Wachstumsgeschwindigkeit einer höheren Pflanze im allgemeinen nach Behandlung mit der β-Indolylessigsäure in geringen Konzentrationen beschleunigt (Vers. 44). Versorgen wir jedoch einen Organismus mit so hohen Wirkstoffmengen, daß ihre Konzentration in den Organen überoptimal ist, so wird der Wirkstoffhaushalt gestört und im Beispiel der β-Indolylessigsäure das Längenwachstum gehemmt, dafür aber das Dickenwachstum gefördert. So treten dann Organverdickungen auf (Vers. 45), wie wir sie auch in der Natur — evtl. aus dem gleichen Grunde —, z. B. auch bei unseren Kohlarten, antreffen. Durch die β-Indolylessigsäure, noch wesentlicher jedoch durch andere Säuren, wird zudem bei Anwendung von relativ hohen Konzentrationen eine Zellteilung und somit die Adventivwurzelbildung ausgelöst (Vers. 46 u. 48). Dieser Prozeß spielt in der gärtnerischen Praxis bereits eine wichtige Rolle. Für die Adventivwurzelbildung scheinen sonst jedoch spezielle Wirkstoffe in Frage zu kommen (Vers. 47). Daß für die natürliche Entstehung dieser wurzelbildenden Stoffe, der sog. Rhizokaline — und entsprechendes gilt wahrscheinlich auch für die anderen Wirkstoffe — bestimmte Voraussetzungen (Licht, ein intakter Chlorophyllapparat) gegeben sein müssen, zeigt Vers. 49. Die beiden sich daran anschließenden Versuche beweisen, daß die Wirkstoffe — entsprechend den Genen — nur unter bestimmten Umweltsbedingungen zur Wirkung kommen. Die beiden letzten Versuche aus diesem Kapitel bringen endlich für die Praxis sehr wesentliche Beispiele der Anwendung eines synthetischen Wirkstoffes in seinen verschiedenen Konzentrationen, und zwar einmal als Unkrautbekämpfungsmittel (Vers. 51), zum anderen, um bei nicht befruchteten Blüten eine Fruchtbildung ohne Samenansatz (Parthenocarpie) auszulösen (Vers. 52).

Versuch 44. Förderung des Längenwachstums durch Bepinseln der Keimlinge mit β-Indolylessigsäure. 50 Haferkeimlinge werden im Dunkeln zu 2 Serien herangezogen. Haben die Koleoptilen gerade die Erde durchbrochen, bepinseln wir die Keimscheiden der einen Serie täglich bis jeden zweiten Tag mit einer 0,001 norm. β-Indolylessigsäure, die der anderen Serie dagegen mit Leitungswasser. Wir stellen fest, daß die Keimlinge der Wuchsstoffserie stärker wachsen als die der Kontrollserie und können daraus schließen, daß den Keimlingen unter den normalen Wachstumsbedingungen nicht die optimale Wuchsstoffmenge zur Verfügung steht (vgl. Vers. 27c).

Abb. 19. Auflösung des primären Dickenwachstums von *Helianthus*-Keimlingen durch eine konzentrierte Wuchsstoffpaste (die Paste wurde zur Aufnahme fortgewischt). Zu Versuch 45. (Orig. P. METZNER).

Versuch 45. Auslösung des primären Dickenwachstums durch β-Indolylessigsäure. Ein 3—4 cm hoher Sonnenblumenkeimling wird etwa 7 mm unterhalb des Kotyledonenansatzes mit einem 0,5 cm breiten Ring einer hochprozentigen Wuchsstoffpaste (0,2 bis 0,5 proz. β-Indolylessigsäure) umgeben. Wir beobachten bei Kultur in einem abgedunkelten Raum mit hoher rel. Feuchtigkeit bereits am folgenden Tag eine lokale Anschwellung des behandelten Sproßstückes, die sich in den nächsten Tagen noch verstärkt und dann auch den unteren Teil des Hypokotyls, weniger den über dem Wuchsstoffring, in Mitleidenschaft zieht (Abb. 19). Nach 8—10 Tagen können wir oft feststellen, daß die primäre Rinde an der Verdickungsstelle aufreißt (Abb. 19 rechts). Weiter sehen wir makroskopisch, daß das Längenwachstum der Versuchspflanzen nach der Behandlung mit der hochprozentigen Wuchsstoffpaste völlig eingestellt oder zumindest sehr stark gehemmt wird.

Nun wischen wir mit einem Lappen vorsichtig die Paste ab und führen durch das verdickte Gewebe einen medianen Längsschnitt. Vergleiche mikroskopisch die Zellformen in diesem Schnitt mit denen eines gleichen Schnittes durch eine mit einem entsprechenden Wasserpastering versehenen Pflanze (vgl. auch Vers. 46).

CZAJA, A. TH.: Ber. dtsch. bot. Ges. **53**, 221 (1935).

Versuch 46. Kallusbildung durch β-Indolylessigsäure in hohen Konzentrationen. Junge Keimpflanzen von *Vicia faba* dekapitieren

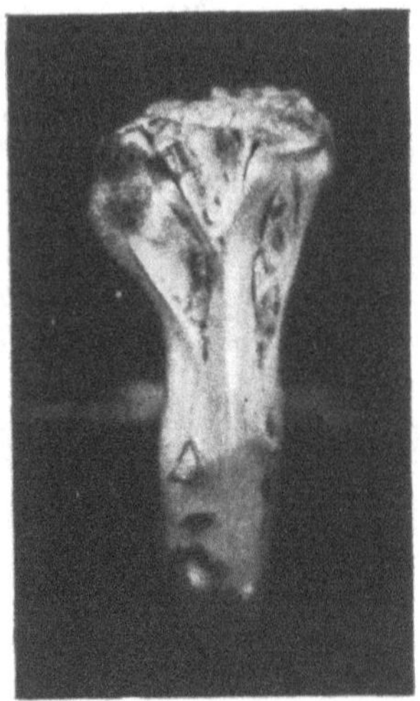

Abb. 20. Kallusbildungen am Epikotyl von *Vicia faba* nach Wuchsstoffbehandlung. Zu Versuch 46. (Orig. F. LAIBACH.)

wir dicht unter den Primärblättern und bestreichen die Schnittfläche mit einer 0,5proz. β-Indolylessigsäure-Paste. Nach 3 Tagen zeigen sich an der Dekapitationsfläche Kallusbildungen, die sich bald vergrößern und nach unten fortschreiten. Die Kalli können sich schließlich so stark entwickeln, daß die primäre Rinde gesprengt wird (Abb. 20).

LAIBACH, F.: Ber. dtsch. bot. Ges. **53**, 359 (1935).

Versuch 47. Auslösung der Adventivwurzelbildung beim Oleander durch keimende Getreidekörner. Mehrere junge Oleandertriebe (*Nereum oleander*) werden unter Wasser mit einem scharfen Messer abgeschnitten und an der Basalfläche etwa 2 cm weit aufgespalten. In diesen Spalt klemmen wir ein Gersten- oder Weizenkorn und hängen den Trieb in ein größeres Glasgefäß, das zur Beschattung der Wurzelanlagen mit schwarzem Papier umhüllt wird. Um dem Sproß in dem Gefäß einen Halt zu geben, durchbohren wir eine passende Pappscheibe in der Mitte und schieben den Zweig durch das Loch so weit hindurch, daß er 2 bis 3 cm in das Wasser eintaucht.

Abb. 21. Auslösung der Adventivwurzelbildung beim Oleander durch keimende Getreidekörner Zu Versuch 47. (Orig.)

Einen Kontrollversuch setzen wir entsprechend an, jedoch ohne Einfügung des Getreidekornes. Beobachte nun in beiden Versuchen die Adventivwurzelbildung, die nach etwa 5—6 Wochen bei den mit dem Getreidekorn versehenen Stecklingen einzusetzen beginnt, während die Kontrollen im allgemeinen zur gleichen Zeit vertrocknen (Abb. 21).

Versuch 48. Adventivwurzelbildung:

a) Stecklingsbewurzelung mittels organischer Säuren.

Zweige von Bäumen und Sträuchern oder auch andere Sproßorgane, die wir in Wuchsstofflösungen bestimmter Konzentration eintauchen, schlagen im allgemeinen schneller und besser Wurzeln als solche, die in reines Leitungswasser eingestellt werden. Für den Erfolg müssen Art und Konzentration der Wuchsstofflösung wie auch die Behandlungsdauer für jedes Objekt genau ausprobiert werden.

Wir wählen für unsere Versuche:

1. Zweige von *Ilex aquifolium*: 24 Stunden in 0,01proz. α-Naphthylessigsäure.

2. Sprosse von *Tradescantia*: 24 Stunden in 0, 02proz. α-Naphthylessigsäure oder β-Indolylessigsäure.

Nach dieser Wuchsstoffbehandlung werden die Sprosse in Leitungswasser gestellt. Man achte darauf, daß die Wurzelanlagen nicht vom direkten Licht getroffen werden. Bei Abbruch des Versuches zählen wir die gebildeten Wurzelanlagen aus und vergleichen die gewonnenen Zahlen mit denen eines Kontrollversuches, der entsprechend ohne das Wuchsstoffbad angesetzt wurde.

AMLONG, H. U., u. G. NAUNDORF: Die Wuchshormone in der gärtnerischen Praxis. Berlin 1938.

b) Adventivwurzelbildung am Internodium von Coleus nach Wuchsstoffbehandlung. Um die Internodien einer *Coleus*-Pflanze schmieren wir Wuchsstoffpaste von einer 0,5 bis 1,0proz. β-Indolylessigsäurelösung. Die Versuchspflanzen bleiben im Warmhaus. Nach 10—20 Tagen brechen aus den verdickten Internodien Adventivwurzeln hervor.

FISCHNICH, O.: Planta (Berl.) **24**, 552 (1935).

c) Adventivwurzelbildung am Stamm von Coleus nach Wuchsstoffbehandlung der Blätter. Wir bestreichen die Unterseite der Mittelrippe eines Blattpaares einer *Coleus*-Pflanze mit einer 0,5proz. β-Indolylessigsäure-Paste und erneuern diese nach 1, 2 und 3 Tagen. Die Versuchspflanzen stellen wir in ein helles Gewächshaus mit möglichst hoher relativer Feuchtigkeit, verdunkeln aber das Sproßstück unter dem behandelten Blatt mit schwarzem Filtrierpapier.

Beobachte zunächst nun die nastischen Bewegungen der Blätter und Blattstiele und die nach etwa 5—10 Tagen beginnende Adventivwurzelbildung am Stamm. Stelle auch die Beziehung zwischen der Lage des Ortes der Wuchsstoffzufuhr und dem der Wurzelbildung fest.

FISCHNICH, O.: Planta (Berl.) **24**, 552 (1935).

Versuch 49. Entstehung wurzelbildender Stoffe im Zusammenhang mit der Assimilation:

a) Über die Notwendigkeit des Lichtes für die Entstehung von wurzelbildenden Stoffen. Wie zu Vers. 48c wird die Unterseite eines Blattpaares einer *Coleus*-Pflanze an der Mittelrippe mit einer 0,5proz.

β-Indolylessigsäure-Paste bestrichen. Nun verdunkeln wir das eine Blatt mit einer Tüte aus schwarzem Filtrier- oder Stanniolpapier (während das andere Blatt dem Licht ausgesetzt bleibt) und ebenfalls das Sproßstück unter den behandelten Blättern. Die Versuchspflanzen stellen wir in ein helles Gewächshaus mit möglichst hoher relativer Feuchtigkeit.

Abb. 22. Adventivwurzelbildung am Stamm von *Coleus* nach Wuchsstoffbehandlung eines Blattpaares unter einem belichteten Blatt und Fehlen derselben unter einem verdunkelten Blatt. Zu Versuch 49a. (Orig. O. FISCHNICH.)

Während unter dem nicht verdunkelten Blatt nach etwa 5 Tagen kräftige Adventivwurzeln aus dem Stamm hervorbrechen, fehlen diese unter dem verdunkelten Blatt ganz, wie Abb. 22 zeigt, oder sind hier verkümmert ausgebildet (vgl. auch Vers. 54e, 136 und 150b). —

Die Bedeutung des Lichtes für die Entstehung der Adventivwurzeln können wir auch in folgender Versuchsanstellung leicht demonstrieren:

Dazu stellen wir je 10 frisch geschnittene *Tradescantia*-Stecklinge in zwei mit Leitungswasser gefüllte, kleine Bechergläser, die von außen abgedunkelt wurden. Die Tradescantien des einen Gefäßes setzen wir dann dem Tageslicht aus, das andere Becherglas stellen wir dagegen unter einen Dunkelsturz, so daß in diesem Versuch kein Licht auf die Blätter einwirkt. Nach 8 Tagen beobachten wir, daß unter dem Dunkelsturz wesentlich weniger Wurzeln ausgebildet wurden als bei den belichteten Tradescantien.

FISCHNICH, O.: Ber. dtsch. bot. Ges. **55**, 27 (1937).

b) Über die Bedeutung der Blätter für die Entstehung wurzelbildender Stoffe. Wir stellen uns in von außen verdunkelten, mit Wasser gefüllten Bechergläsern 2 Portionen frische, grüne *Tradescantia*-Stecklinge zusammen. Von der I. Portion entfernen wir sämtliche Blätter und Blattanlagen, während die II. intakt bleibt. Nach 7 Tagen etwa beobachten wir, daß die beblätterten Stecklinge wesentlich mehr Adventivwurzeln ausbilden als die nicht beblätterten (Abb. 23).

c) Über die Notwendigkeit des Chlorophylls für die Entstehung

wurzelbildender Stoffe. Als Varietät der *Tradescantia viridis* wird in vielen Gärtnereien die Panaschüre *Tr. v. var. albo vittata* kultiviert. Von

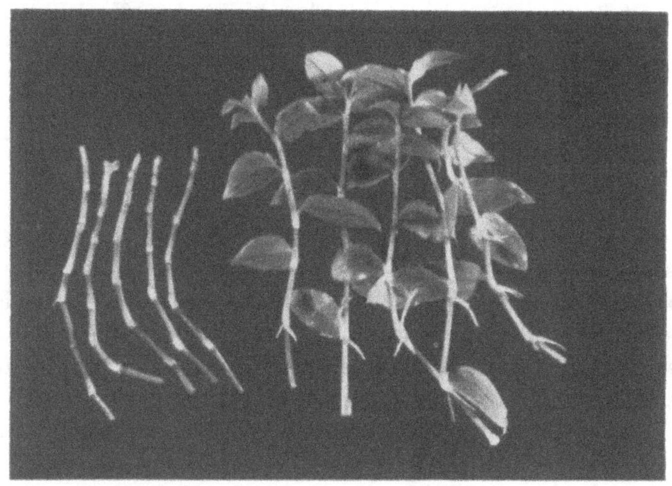

Abb. 23. Bedeutung der Blätter für die Entstehung von Adventivwurzeln. Links: entblätterte *Tradescantia*-Stecklinge ohne Adventivwurzelbildung. Rechts: normale beblätterte *Tradescantia*-Stecklinge mit Adventivwurzeln. Zu Versuch 49b. (Orig.)

einer solchen Pflanze nehmen wir 20 etwa 10 cm lange Stecklinge ab, von denen die Blätter der einen Serie möglichst chlorophyllfrei, die der anderen dagegen möglichst chlorophyllhaltig sein sollen. Die Sprosse

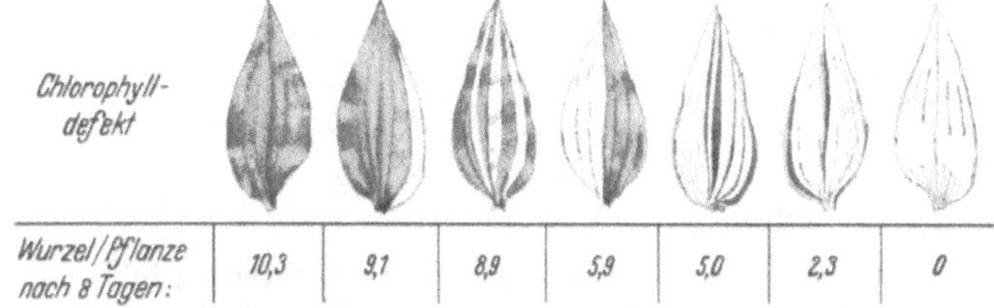

Abb. 24. Bedeutung des Chlorophylls für die Entstehung von Adventivwurzeln bei *Tradescantia*-Panaschüren. Von links nach rechts: Blätter der verwendeten Versuchspflanzen mit zunehmendem Chlorophyll-Defekt. Zu Versuch 49c. (Orig.)

stellen wir in Gläser mit Wasser in ein Gewächshaus und zählen nach 3, 5 und 7 Tagen die angelegten Adventivwurzeln aus. Wir stellen fest, daß ihre Zahl durchaus von dem Chlorophyllgehalt der Blätter in der Weise abhängt, daß die völlig grünen Stecklinge viele Wurzeln zu bilden imstande sind, die gelb-weißen dagegen keine oder nur sehr wenige hervorbringen (Abb. 24).

Versuch 50. Die Bedeutung einzelner Außenfaktoren für die Bewurzelung von Tradescantia-Stecklingen.

a) Die Nährstoffkonzentration. In 4 von außen verdunkelte Bechergläser stellen wir eine bestimmte Anzahl frischer *Tradescantia*-Stecklinge und geben dazu in jedes Glas so viel von folgenden Flüssigkeiten, daß die Stecklinge gut eintauchen:

1. über Glas destilliertes H_2O oder Leitungswasser,
2. auf 100 ccm H_2O 0,5 g eines Blumenvolldüngers,
3. „ 100 ccm H_2O 2,5 g „ „
4. „ 100 ccm H_2O 5,0 g „ „

Wir stellen fest, daß die hohen Nährstoffkonzentrationen die Adventivwurzelbildung sehr stark hemmen.

b) Licht. In einem von außen verdunkelten und in einem nicht verdunkelten normalen Becherglas mit Leitungswasser stellen wir *Tradescantia*-Stecklinge vor ein helles Fenster. Nach 1 Woche ist die Adventivwurzelbildung in dem verdunkelten Glas kräftig eingeleitet, in dem nicht verdunkelten dagegen kaum bemerkbar. Das Licht, das auf den Ort der Adventivwurzelbildung einwirkt, hemmt also den Regenerationsprozeß (vgl. aber Vers. 49a).

Versuch 51. Selektive Unkrautbekämpfung mit 2,4-Dichlorphenoxyessigsäure. In der Nähe eines jeden Instituts wird sich ein verunkrautetes Getreidefeld befinden. In diesem bespritzen bzw. begießen wir, am besten in den Monaten April bis Mai, eine abgesteckte Fläche von 100 qm mit 10 l Wasser, in dem 100 g 2,4 D. gelöst wurden. Nach 8 Tagen macht sich ein Kränkeln bei den dikotylen Pflanzen bemerkbar, die nach weiteren 8—14 Tagen absterben. Die monokotylen Pflanzen wachsen dagegen ungestört weiter (Abb. 25).

Das 2,4 D., das wir als Präparat der BASF unter der Handelsbezeichnung „U 46" beziehen, ist als sehr aktiver Wuchsstoff aufzufassen, der in relativ hoher Konzentration bei den dikotylen Keimlingen zunächst eine Wachstumsförderung bedingt, sodann aber ein Absterben der Pflanzen.

STUMMEYER, H.: „U 46 — das neuzeitliche Unkrautmittel", Ratschläge für den Bauernhof, Heft 4, Landwirtschaftliche Versuchsstation Limburger Hof (Pfalz) 1950.

Eine völlig andersartige Anwendung des gleichen Stoffes, aber in schwächeren Konzentrationen, bringt der folgende Versuch:

Versuch 52. Entstehung von parthenocarpen Tomatenfrüchten nach Besprühen der Blüten mit 2,4-Dichlorphenoxyessigsäure. Wir ziehen uns — am besten im Gewächshaus — eine größere Anzahl von Tomatenpflanzen zu zwei völlig gleichartigen Sätzen heran. Sobald sich von einer Rispe des einen Satzes mehrere Blüten geöffnet haben, besprühen wir diese mittels einer Fixativspritze mit etwa 5 ccm einer 0,0003 proz.

Lösung von 2,4-Dichlorphenoxyessigsäure (2,4 D.). Diese Behandlung wiederholen wir für jede Rispe 1 mal 8 Tage nach dem ersten Bespritzen. Wie mit der ersten Rispe verfahren wir auch mit den folgenden der gleichen Pflanze, müssen allerdings zur Vermeidung von Entwicklungsstörungen darauf achten, daß das 2,4 D. lediglich an die Blütenrispen,

Abb. 25. Unkrautbekämpfung in einem Getreidefeld mit U 46. Zu Versuch 51. (Orig., Landwirtschaftliche Versuchsstation, Limburger Hof.)

nicht aber an die Blätter und den Sproß kommt. — Die Blüten des anderen Satzes werden zur Kontrolle entsprechend mit Wasser besprüht.

Die mit dem 2,4 D. behandelten Pflanzen entwickeln selbst dann, wenn die Möglichkeit einer natürlichen Befruchtung ausgeschlossen ist, normal erscheinende, jedoch samenlose, große und frühreifende Früchte. Die mit Wasser besprühten Blütenstände setzen dagegen erst nach der Bestäubung Früchte an. Diese enthalten also alle Samen, sind im allgemeinen jedoch kleiner und reifen vor allem nicht so frühzeitig wie die mit dem 2,4 D. behandelten (vgl. Vers. 93). Wer fertige Präparate verwenden will, beschaffe z. B. sich das „Tomafix“ von Bayer-Leverkusen.

HAHMANN, K., u. H. MÜLLER: Gartenwelt Nr 9, 130 (1950).

III. Physiologie der Bioswuchsstoffe und des Vitamins B_1.

Das Streckungswachstum der höheren Pflanzen wird, wie wir erkannten, wahrscheinlich nur durch einen Wirkstoff, nämlich durch das Auxin, ausgelöst. Demgegenüber müssen wir für das Plasmawachstum mehrere Wirkstoffgruppen nebeneinander verantwortlich machen. Von diesen sind die Bioswuchsstoffe und das Vitamin B_1 bisher am besten untersucht und wohl auch physiologisch am wichtigsten. Neben diesen beiden Wirkstoffgruppen beteiligen sich aber noch weitere Stoffe, so verschiedene Aminosäuren und die Pantothensäure, an der Katalyse des Plasmawachstums, so daß dieser Prozeß nach unseren heutigen Kenntnissen wesentlich schwerer zu übersehen erscheint als das Streckungswachstum. Andererseits muß aber darauf hingewiesen werden, daß das Auxin das Streckungswachstum nur bei den höheren Pflanzen auszulösen vermag und daß wir die entsprechenden Wirkstoffe für die niederen Pflanzen noch gar nicht kennen. Dagegen sind die genannten Stoffe als Katalysatoren des Plasmawachstums für das gesamte Pflanzenreich als verantwortlich zu betrachten.

Mit Hilfe des sog. Hefetestes (Vers. 53) sind die Bioswuchsstoffe bei den höheren und niederen Pflanzen vor allem dort in größerer Menge nachzuweisen, wo das Plasma sich durch besondere Aktivität auszeichnet, so in den Meristemen und in treibenden Organen (Vers. 54f, g). Wie das Auxin, so kann auch der Bios-Wirkstoffkomplex in physiologisch aktiver und inaktiver Form vorliegen (Vers. 57). — Das Vitamin B_1 ist ebenfalls wie alle anderen Wirkstoffe für die normale Entwicklung der Pflanze notwendig (Vers. 59). Liegt es aber in überoptimaler Konzentration im Gewebe vor, so bewirkt es, wie Vers. 60 zeigt, eine Entwicklungshemmung.

Versuch 53. Hefe-Test auf Bioswuchsstoffe:

a) Ausführung des Bios-Testes. Als Testobjekt auf die Bioswuchsstoffe benutzen wir eine untergärige Bierhefe, z. B. die Weihenstephaner untergärige Hefe. Aber auch die meisten anderen Bierheferassen dieser Art sind brauchbar. Die Hefe wird aus verdünnter Bierwürze (ohne Hopfenzusatz!) zunächst 12 Stunden in einer synthetischen Nährlösung, in der zwar alle notwendigen organischen und anorganischen Nährstoffe enthalten sind, die aber trotzdem wegen des Mangels an Bioswuchsstoffen keine Knospung der Hefe zuläßt, vorkultiviert. Eine solche Nährlösung hat nach Boas folgende Zusammensetzung:

Auf 1000 ccm über und aus Hartglas dest. Wasser:

50,0 g Traubenzucker puriss.	0,5 g $Na_2SO_4 \cdot 10\,H_2O$
1,6 g KH_2PO_4	0,5 g NaCl

0,3 g K_2HPO_4	0,002 g H_3BO_3
1,0 g $MgSO_4 \cdot 7\,H_2O$	0,002 g $ZnSO_4$
2,0 g $(NH_4)_2SO_4$	0,002 g $MnSO_4$
0,5 g $CaCl_2 \cdot 6\,H_2O$	0,002 g $FeCl_3$.

Diese Lösung wird 30 Minuten ohne Druck sterilisiert.

Inzwischen bereiten wir den Biosextrakt vor. Dazu zerkleinern wir 10 g des zu untersuchenden pflanzlichen Gewebes mit einer Schere oder einem Messer möglichst fein, übergießen das Material in einem ERLENMEYER-Kolben mit 200 ccm bidest. Wasser und extrahieren bei 70° im Wasserbad 1 Stunde, während der wir den Kolben mehrmals durchschwenken. Ist es erforderlich, Gewebe mit sehr verschiedenem Wassergehalt auf ihren Biosgehalt vergleichsweise zu prüfen, wird die Extraktion mit 1 g lufttrockener Substanz und 70 ccm Wasser vorgenommen. Um ein zu starkes Verdunsten des Wassers während der Extraktion zu verhindern, verschließen wir die Kolben mit einem festen Wattebausch.

50 ccm der synthetischen Nährlösung versetzen wir nun mit 1 (—5) ccm des wäßrigen Pflanzenextraktes und sterilisieren in einem Dampftopf 1 Stunde lang ohne Überdruck. Nach dem Erkalten kann sogleich die Impfung mit der Hefe vorgenommen werden.

Dazu schwenken wir den Kolben, in dem die Hefe in der synthetischen Nährlösung vorkultiviert wurde, mehrmals um, bis die sich vordem am Boden abgesetzte Hefe eine gleichmäßige Suspension bildet. Diese Aufschwemmung verdünnen wir mit sterilem Wasser so weit, daß 1 ccm dieser Impfflüssigkeit etwa 20000 Hefezellen enthält (auszählen mit Hilfe einer Zählkammer für Blutkörperchenbestimmungen). Je einen Tropfen davon geben wir in die ERLENMEYER-Kolben mit den sterilisierten Nährlösungen. Die Impfung können wir auch mit einer Platinöse durchführen, die wir in eine Hefeaufschwemmung mit etwa 200000 Zellen pro Kubikzentimeter eintauchen. Die Kolben werden kräftig durchgeschüttelt und in einen Thermostaten mit 28° gestellt. 24 Stunden nach der Impfung schwenken wir die Versuchsgefäße nochmals durch. Nach weiteren 24 Stunden kann der Versuch abgebrochen werden, und es sind dann die Vermehrungsfaktoren für die Hefe zu bestimmen.

Für diese Bestimmung bestehen folgende Möglichkeiten: Entweder zentrifugieren wir die Hefe in graduierten, schmalen Zentrifugengläschen ab und bestimmen so die Gesamtmenge der gebildeten Hefe, oder wir filtrieren die Zellen ab und ermitteln das Trockengewicht (2 Stunden 105°). Für gröbere Versuchsanstellungen genügt es auch, die Versuchskolben kräftig durchzuschütteln und dann den Trübungsgrad entweder mit bloßem Auge abzuschätzen oder mit einem Nephelometer zu bestimmen. Eine sehr brauchbare, wenn auch etwas langwierigere Methode zur Ermittlung der Hefemengen ist folgende: Mit Hilfe einer Zählkammer nach BÜRKER oder THOMA bestimmen wir für die verschiedenen Kolben die Anzahl der Hefezellen pro ccm. Da aber für den Hefetest nicht die Anzahl der Hefezellen, sondern deren Masse maßgebend ist, müssen wir durch Bestimmung der mittleren Länge und Breite der Zellen in den verschiedenen Vergleichsserien feststellen, ob das Durchschnittsvolumen der Zellen in allen Versuchen das gleiche ist. In diesem Falle ergeben die mit Hilfe der Zählkammer gewonnenen Zahlen bereits brauchbare Relativwerte. Sind die Zellen in den Vergleichsreihen dagegen verschieden groß, so muß folgende Formel zur Anwendung kommen:

$$a \cdot b^2 n$$

In dieser Formel bedeutet

a = halbe Länge des Ellipsoids,

b = halbe Breite des Ellipsoids,

n = Anzahl der Zellen pro Kolben.

Bei allen diesen Bestimmungen ermitteln wir die Menge der Hefezellen, die in den Versuchen mit den Pflanzenextrakten mehr entstanden ist als in den mit reinen Nährlösungen angesetzten Kontrollen. Dieser Vermehrungsfaktor

$$f = \frac{\text{Hefemenge bei Anwesenheit von Wirkstoffen}}{\text{Hefemenge bei Wirkstoffmangel}}$$

wird als Versuchsergebnis notiert. — Um einwandfreie Werte zu erhalten, ist es neben dem genauen Einhalten der gegebenen Vorschriften erforderlich, jede Serie mindestens mit 5 Parallelversuchen durchzuführen.

Für Demonstrationen im Hörsaal empfiehlt es sich, die Versuche nicht bereits nach 2 Tagen abzubrechen, sondern über 4—5 Tage laufen zu lassen. Die Unterschiede in der gebildeten Hefemenge treten dann deutlicher hervor und lassen sich vor einer Milchglaslampe auch noch aus größeren Entfernungen erkennen.

RIPPEL, K., in ABDERHALDEN: Handbuch der biologischen Arbeitsmethoden, Abt. XII, Teil 2, II, S. 1569. — NIELSEN, N. u. V. HARTELIUS: C. r. Carlsberg **23**, 93 (1940).

b) Biosmenge und Hefezuwachs. Wir stellen uns von einem an Bioswuchsstoffen möglichst reichen Pflanzenextrakt mehrere Verdünnungsstufen her. Dazu gehen wir z. B. von 10 g Bäckerhefe, die wir mit 50 ccm Wasser extrahieren, aus. Von diesem klaren, abzentrifugierten Extrakt geben wir einmal je 1 ccm zu 50 ccm der synthetischen Hefenährlösung von BOAS (s. Vers. 53a). Den Rest des Extraktes verdünnen wir mit sterilem Wasser im Verhältnis 1 : 10 und stellen uns in dieser Weise bis 4 weitere Verdünnungsstufen her, von denen je 1 ccm zu 50 ccm der BOASschen Nährlösung gegeben wird. Alle Versuchskolben werden darauf mit der gleichen Menge Hefezellen geimpft. Nach 48stündiger Kultur bei 28° und anschließendem Abzentrifugieren stellen wir fest, daß die Produktion der Hefe der zugegebenen Biosmenge proportional ist und die Funktion ungefähr eine Gerade darstellt. Mit einer solchen Eichkurve können wir Vergleiche über den Biosgehalt verschiedener Gewebe anstellen.

Versuch 54. Nachweis von Bioswuchsstoffen:

a) Nachweis von Bioswuchsstoffen in der Hefe. 5 g Bäckerhefe oder abzentrifugierte Bierhefe werden in einem ERLENMEYER-Kolben mit 100 ccm sterilem Wasser übergossen und bei 70° in einem Wasserbad 1 Stunde extrahiert. 1 ccm dieses Extraktes geben wir zu 50 ccm der synthetischen Nährlösung (s. Vers. 53a), die wir dann mit etwa 100 Hefezellen impfen. Nach 48stündiger Kultur bei 28° zentrifugieren wir die Hefe aus den einzelnen Versuchskolben ab und vergleichen die entstandene Hefemenge mit der in dem Leerversuch.

In der Hefe sind reichlich Bioswuchsstoffe enthalten.

b) Nachweis von Bioswuchsstoffen in der Kulturlösung von Pilzen. Von einer älteren Pilzkultur mit *Aspergillus niger*, *Penicillium glaucum* oder *Rhizopus* pipettieren wir 5 ccm der Kulturflüssigkeit ab und geben diese zu 50 ccm der synthetischen Hefenährlösung, wie sie in Vers. 53a angegeben ist. Nach der Sterilisation erfolgt die Impfung mit einer geringen Anzahl von Zellen einer vorkultivierten, untergärigen Hefe. Mit der gleichen Hefemenge impfen wir zur Kontrolle 55 ccm der synthetischen Nährlösung ohne Zusatz der Pilzkulturflüssigkeit. Nach 2tägiger Kultur in einem Brutschrank wird die Hefe abzentrifugiert und die gebildeten Massen werden miteinander verglichen.

Der Hefezuwachs ist in dem Versuch bedeutend stärker als in der Kontrolle.

c) Nachweis von Bioswuchsstoffen in der Bierwürze. Zu 50 ccm einer synthetischen Nährlösung, deren Zusammensetzung wir in Vers. 53a finden, geben wir 5 ccm frische, unverdünnte Bierwürze ohne Hopfenzusatz. In diese Lösung impfen wir nach der Sterilisation mit einer Platinöse einige Hefezellen. Zur Kontrolle erfolgt eine gleich starke Impfung von 55 ccm der synthetischen Nährlösung. Haben die Versuchskolben 48 Stunden in einem Brutschrank bei 28° gestanden, so werden die Hefezellen in beiden Versuchsreihen abzentrifugiert und die gebildeten Hefemengen in den Zentrifugiergläschen miteinander verglichen.

Es zeigt sich, daß auch die Bierwürze sehr viele Bioswuchsstoffe enthält.

d) Nachweis von Bioswuchsstoffen in grünen Pflanzenteilen. 10 g möglichst junge, frische, grüne Blätter werden mit Wasser extrahiert und auf ihren Biosgehalt getestet. Die Methodik ist hier die gleiche, wie sie für die vorhergehenden Versuche angegeben wurde.

Alle grünen Pflanzenteile enthalten reichlich Bioswuchsstoffe.

e) Biosgehalt grüner und etiolierter Keimlinge. Von 2 Portionen 2—3 Wochen alter Maiskeimlinge, deren eine am Tageslicht, die andere dagegen im Dunkeln aufgewachsen ist, nehmen wir je 10 g des Frischgewichtes und extrahieren nach den unter Vers. 53a gegebenen Vorschriften. Die Extrakte werden dann in der gewohnten Weise auf ihren Biosgehalt getestet.

Wir finden, daß die etiolierten Keimlinge wesentlich weniger Bioswuchsstoffe enthalten als die am Licht aufgewachsenen Keimpflanzen (vgl. Vers. 49a, c und 136).

DAGYS, J.: Protoplasma (Berl.) **28**, 205 (1937).

f) Biosgehalt junger und alter Blätter. Im Mai, nachdem die Knospen ausgetrieben sind, extrahieren wir etwa 10 g alte und ebenso viele frisch ausgetriebene Blätter vom Efeu oder Buchsbaum mit je 100 ccm Wasser 1 Stunde lang bei 70°. Von den gewonnenen Extrakten geben wir je 1 ccm zu 50 ccm der synthetischen Hefenährlösung. Dann impfen wir in die einzelnen Kulturgefäße nach deren Sterilisation etwa 100 Hefezellen ein und kultivieren diese 2 Tage bei 28°.

Nach dieser Zeit stellen wir fest, daß die jungen, frisch ausgetriebenen Blätter bedeutend mehr Bioswuchsstoffe enthalten als die vorjährigen.

g) Biosgehalt ruhender und treibender Knospen. Wir nehmen im Januar oder Februar von einem Laubbaum etwa 10 g ruhende Knospen ab, zerkleinern und extrahieren sie nach den in Vers. 53 gemachten Angaben. Der wäßrige Extrakt wird dann in der gewohnten Weise mit Hefe auf seinen Biosgehalt geprüft.

Einen entsprechenden Versuch setzen wir mit 10 g austreibenden Knospen des gleichen Baumes im Frühjahr an und vergleichen dann an Hand der Eichkurven (s. Vers. 53b) den Vermehrungsfaktor in beiden Versuchsreihen.

Während der Biosgehalt in den ruhenden Knospen äußerst gering ist, enthalten die austreibenden Knospen sehr reichlich Wirkstoffe der Biosgruppe.

DAGYS, J.: Protoplasma (Berl.) **26**, 20 (1936).

h) Nachweis von Bioswuchsstoffen im tätigen Kambium. Von einem Laubbaum oder einem kräftigen Strauch heben wir ein Stück Rinde ab und kratzen den Bast samt Kambium mit einem Skalpell ab. Die gewonnenen Gewebeelemente werden in einem Kolben mit etwas Wasser übergossen und dann in einem Wasserbad bei 70° 1 Stunde lang extrahiert. Von dem Extrakt geben wir je 1 ccm zu 50 ccm der synthetischen Nährlösung, die nach der Sterilisation mit einem Tropfen einer schwachen Hefeaufschwemmung geimpft wird.

Wird der Versuch im Frühjahr beim Austreiben der Blätter bis zum Frühsommer angesetzt, dann können wir in dem Kambium reichlich Hefewuchsstoffe nachweisen.

DAGYS, J.: Protoplasma (Berl.) **24**, 14 (1935).

Versuch 55. Verteilung der Bioswuchsstoffe in jungen Maiskeimlingen. Etwa 50 Maiskeimlinge, die wir in Sägemehl bis zu einer Länge von 3—4 cm herangezogen haben, zerlegen wir in folgende Organe:

1. Koleoptile, 2. Mesokotyl, 3. die von der Koleoptile umschlossenen Primärblätter, 4. Wurzel, 5. Scutellum und 6. das Endosperm mit der Aleuronschicht.

Die einzelnen Organe werden mit Schere oder Messer zerkleinert und mit 100 ccm sterilem Wasser bei 70° in einem Wasserbad extrahiert. Je 1 ccm der erhaltenen Extrakte geben wir zu 50 ccm der BOASschen Nährlösung (Vers. 53a), die nach dem Sterilisieren mit einem Tropfen der Impfflüssigkeit, also mit ungefähr 100 Hefezellen, geimpft werden. Nach 48stündiger Kultur bei 28° bestimmen wir die Vermehrungsfaktoren und finden, daß die Primärblätter die meisten Hefewuchsstoffe enthalten. Von der Koleoptile über Mesokotyl, Scutellum, Wurzel zum Endosperm nimmt der Biosgehalt stufenweise in der genannten Reihenfolge ab.

DAGYS, J.: Protoplasma (Berl.) **28**, 205 (1937).

Versuch 56. Verteilung der Bioswuchsstoffe im ungekeimten Maiskorn. Von 50—100 einen Tag lang eingequollenen Maiskörnern heben wir mit Skalpell und Pinzette zunächst die Fruchtschale ab, schneiden dann mit der Lanzettnadel das Scutellum mit dem Embryo ab. Schließlich kratzen wir von dem Restkörper der Maiskörner noch mit einem Skalpell die Aleuronschicht vollständig ab. Nach dieser Präparation extrahieren wir die Fruchtschale, das Scutellum mit dem Embryo, die Aleuronschicht und den Mehlkörper der Karyopsen getrennt voneinander mit je 20 ccm Wasser je 1 Stunde bei 70°. Nun geben wir je 1 ccm der 4 Extrakte in je 50 ccm der synthetischen Hefenährlösung, die nach der Sterilisation mit jeweils der gleichen Hefemenge geimpft werden. — Nach 48stündiger Kultur bei 28° zeigt sich, daß die Aleuronschicht sowie das mit dem Embryo verbundene Scutellum absolut und auch relativ (bestimme dazu das Gewicht der Organteile!) viel mehr Bioswuchsstoffe enthalten als die Fruchtschale und das Endosperm, die praktisch als wuchsstofffrei anzusprechen sind.

DAGYS, J.: Protoplasma (Berl.) **28**, 205 (1937).

Versuch 57. Aktivierung der Bioswuchsstoffe:

a) Gehalt an Bioswuchsstoffen in ungequollenen und gequollenen Samen. Fünfzehn lufttrockene und ebenso viele 2—4 Tage lang eingequollene Körner von *Zea mays* oder entsprechend 80 Weizenkörner werden geschrotet und in einem ERLENMEYER-Kolben mit 100 ccm Wasser übergossen. Die Bioswuchsstoffe extrahieren wir wieder durch Erhitzen in einem Wasserbad bei 70°. Jeweils 1 ccm der gewonnenen Extrakte geben wir dann zu 50 ccm der synthetischen Nährlösung, die nach dem Sterilisieren mit einem Tropfen einer Hefesuspension geimpft werden.

Nach 48stündiger Kultur der Hefe bei 28° kommen wir zu dem Ergebnis, daß durch das Einquellen aus intakten Samen bzw. Früchten Bioswuchsstoffe frei geworden sind.

DAGYS, J., u. P. BLUMSANAS: Ber. dtsch. bot. Ges. **61**, 49 (1943).

b) Aktivierung von Bioswuchsstoffen durch eiweißspaltende Fermente. In 2 ERLENMEYER-Kolben wägen wir je 1 g Weizen- oder Maiskleie ein. In den I. Kolben geben wir dazu weiter 20 ccm dest. Wasser, in den II. 20 ccm Wasser + 0,1 g Pepsin + 7—8 Tropfen einer 25proz. Salzsäure. Auf die Flüssigkeit beider Kolben gießen wir nun etwa 2 ccm Toluol und stellen die Gefäße für 24 Stunden in einen Thermostaten bei 36°, wo wir sie während der Versuchsdauer mehrmals umschütteln. Nach der Neutralisation der Salzsäure in dem II. Versuchsgefäß mit Natronlauge (Lackmuspapier) erhitzen wir dann die Lösungen beider Kolben 1 Stunde lang auf 70° in einem Wasserbad. Von diesen Extrakten geben wir je 1 ccm zu 50 ccm der synthetischen Nährlösung, die nach Vorschrift aus Vers. 50a angesetzt wurde. Nach der Sterilisation werden die Lösungen mit etwa 100 Hefezellen geimpft. Die gleiche Hefemenge geben wir auch zu einer Lösung, die sich aus 50 ccm der synthetischen Nährlösung und 1 ccm einer 0,5proz. Pepsinlösung zusammensetzt (III. Serie).

Nach 48stündiger Kultur bei 28° sehen wir, daß sich die Hefezellen in dem II. Versuchskolben viel lebhafter vermehrt haben als in dem I., daß also das Pepsin bedeutende Mengen der Bioswuchsstoffe aktivierte. Der niedere Vermehrungsfaktor für die Hefe im III. Versuchsgefäß beweist uns, daß das Pepsin selbst keine oder nur sehr wenige Bioswuchsstoffe enthält. Salzsäure allein ist auch nicht dazu imstande, aus Maiskleie Bioswuchsstoffe zu aktivieren.

DAGYS, J.: Protoplasma (Berl.) **31**, 524 (1938). — Ber. dtsch. bot. Ges. **61**, 49 (1943).

Versuch 58. Bedeutung von Vitamin B_1-haltigen Substanzen für die vegetative und reproduktive Entwicklung von Phycomyces. In einer synthetischen Nährlösung, die sich aus

30 g Glucose puriss.	0,5 g $MgSO_4 \cdot 7\,H_2O$
1 g Asparagin	1,5 g KH_2PO_4 und
	1000 ccm bidest. Wasser

zusammensetzt, entwickelt sich das Mycel von *Phycomyces blakesleeanus* und *Ph. nitens* sehr schwach. Es bildet sich hier ausschließlich ein untergetauchtes Mycel, das nie Sporangien produziert.

Geben wir zu 100 ccm der gleichen Nährlösung den Preßsaft von etwa 10 g Hefe oder eine Hefeabkochung (s. S. 143) oder auch 1 g Malzextrakt, dann beobachten wir eine viel stärkere Entwicklung dieser Mucorineen, vor allem eine Sporenbildung.

Versuchszeit 14 Tage bis 3 Wochen (vgl. Vers. 107a und Abb. 40a).

SCHOPFER, W. H.: Erg. Biol. **16**, 1 (1939). — THREN, R.: Vitamine und Hormone **1**, 100 (1941).

Versuch 59. Abhängigkeit der Entwicklungsrate von der Vitamin B_1-Konzentration bei Phycomyces (Phycomyces-Test auf Vitamin B_1). Wir setzen uns eine Nährlösung wie zu Vers. 58 an, lösen jedoch die dort angegebene Nährstoffmenge nur in der Hälfte des Wassers, also in 500 ccm, auf. Zu je 50 ccm dieser Lösung geben wir nun die gleiche Anzahl Kubikzentimeter einer Vitamin B_1-Lösung, von der wir uns zunächst eine Stammlösung mit 16 γ Vitamin B_1 (kristallisiertes Aneurin der Fa. Merck) auf 100 ccm Wasser herstellen. Von dieser nehmen wir 50 ccm ab und geben sie zu 50 ccm der obigen Nährlösung. Die restlichen 50 ccm der Stammlösung verdünnen wir mit 50 ccm Wasser, geben davon wiederum 50 ccm zu der gleichen Menge der Nährlösung, während die bleibenden 50 ccm der Vitaminlösung abermals auf das Doppelte verdünnt werden. Diese Verdünnungen setzen wir so lange fort, bis wir eine Reihe von 9 vitaminhaltigen Nährlösungen erhalten, die auf 100 ccm 8—0,03125 γ Vitamin B_1 enthalten. Um schließlich noch eine Vitamin B_1-freie Lösung zu erhalten, verdünnen wir 50 ccm der synthetischen Nährlösung mit der gleichen Menge Wasser.

Die in dieser Weise gewonnenen 100 ccm-Lösungen verteilen wir nun gleichmäßig jeweils auf 5 100 ccm-ERLENMEYER-Kolben (pro Erlenmeyer also 20 ccm der betreffenden Lösung), stopfen sie ab und sterilisieren sodann zweimal je 30 Minuten im strömenden Wasserdampf. Nach dem Erkalten wird jeder Kolben mit 1 Tropfen einer schwachen Sporensuspension von *Phycomyces blakesleeanus* beimpft. Dazu entnehmen wir einer Stammkultur einige Sporangien mit einer sterilen Platinnadel oder Pinzette und verteilen sie im sterilen Wasser. Nach der Impfung werden die Kolben in diffusem Tageslicht bei Zimmertemperatur aufgestellt. Nach einigen Tagen bereits beobachten wir, daß bei Fehlen von Vitamin B_1 *Phycomyces* nur einige kleine Mycelflocken herausbildet, daß jedoch mit steigender Vitamin B_1-Gabe die Entwicklung des Pilzes proportional dem Vitamingehalt der Lösung gefördert wird und schließlich bei längerer Versuchsdauer (2—3 Wochen) lediglich in den Vitaminkolben Sporangien ausgebildet werden (Abb. 40a).

Um dieses Versuchsergebnis zu einem quantitativen Vitamin B_1-Test auszugestalten, wird der Versuch bereits nach 10—11 Tagen abgebrochen, das in den einzelnen Kolben gebildete Mycel auf quantitativen Filtern oder besser auf feinen Messingdrahtnetzen abfiltriert und nach 4stündigem Trocknen bei 105° C das Trockengewicht bestimmt. Die Durchschnittswerte aus den jeweils zusammengehörenden 5 Einzelmessungen ergeben nun eine Testkurve, die es uns ermöglicht, in entsprechender Weise auch den Vitamin B_1-Gehalt aus beliebigen Pflanzenextrakten zu bestimmen.

Eine Anweisung zum Abwägen geringster Gewichtsmengen findet sich auf S. 148 (vgl. Vers. 107a).

SCHOPFER, W. H.: Erg. Biol. **16**, 1 (1939). — THREN, R.: Vitamine und Hormone **1**, 100 (1941). — v. WITSCH: Arch. Mikrobiol. **14**, 99 (1948).

Versuch 60. Entwicklungshemmung bei Rhizopus-Arten durch Vitamin B_1. Wir setzen uns 100 ccm einer synthetischen Nährlösung wie für Vers. 58 an. Diese geben wir zu gleichen Teilen in 2 150 ccm-ERLENMEYER-Kolben. In den einen wägen wir dazu 0,4 γ Vitamin B_1 ein (siehe S. 148) und impfen dann in beide Sporen von *Rhizopus nigricans*.

Nach 8—14tägiger Kultur bei 23° stellen wir fest, daß die Entwicklung von *Rhizopus* durch das Vitamin stark gehemmt ist. Damit steht dieser Pilz scheinbar im Gegensatz zu den meisten anderen Organismen, die, wie Vers. 58 zeigt, zu ihrer normalen Entwicklung das Aneurin benötigen. Aber auch *Rhizopus* bedarf des Vitamin B_1 ebenso wie jeder andere Organismus. Er baut sich aber diesen Wirkstoff bereits selbst in optimaler Menge auf. Daher muß eine weitere Zugabe des Vitamins zu der Nährlösung eine Entwicklungshemmung bedingen.

SCHOPFER, W. H.: Z. Vitaminforschg **4**, 187 (1935). — C. r. d. l. Soc. d. phys. **60**, 40 (1943).

IV. Wundhormone, Polyploidie und Organkultur.

Die ersten Versuche aus diesem Abschnitt zeigen uns, daß auch die Wundheilung der Pflanze durch bestimmte Wirkstoffe, die in den verletzten Zellen entstehen und dann in bereits ausdifferenzierten Zellen Mitosen auslösen, bedingt ist. Die weiteren Versuche geben die bekanntesten Möglichkeiten wieder, um polyploide Pflanzen, also Organismen mit einem Mehrfachen des normalen Chromosomensatzes, zu erzeugen. Die letzten Versuche aus diesem Kapitel befassen sich schließlich mit der Organkultur, einem heute besonders wichtigen Abschnitt der experimentellen Entwicklungsphysiologie. Diese Untersuchungen können uns nämlich ein tieferes Verständnis für die vollständige Ernährung der pflanzlichen Zelle mit Zuckern, Nährsalzen und auch Wirkstoffen und für deren Differenzierung geben.

Versuch 61. Haberlandts Kohlrabiversuch zum Nachweis der Wundhormone. Von einer möglichst jungen Kohlrabiknolle schneiden wir eine 1—2 cm dicke Scheibe ab und teilen diese in 5 gleiche Sektoren. Drei von diesen Abschnitten spülen wir unter der Wasserleitung mit einem kräftigen Wasserstrahl allseitig (auch bei verschiedenem Einfallswinkel des Strahles) gründlichst ab, so daß keine Plasmareste oder herausgeschnittene Zellelemente auf der Schnittfläche und in den Interzellularen mehr haften bleiben. Danach legen wir die 5 Sektoren in PETRI-Schalen auf Filterpapier und schmieren auf je einen abgespülten und nicht abgespülten Abschnitt Gewebebrei vom Kohlrabi. Auf einen weiteren abgespülten Sektor geben wir Gewebebrei von jungen Bohnenhülsen oder Kartoffeln. Ein abgespülter und ein nicht abgespülter Sektor bleiben zur Kontrolle.

1—2 Wochen nach dem Ansetzen des Versuches zeigen uns dünne, mikroskopische Querschnitte durch die 5 Sektoren, daß in dem abgespülten Sektor ohne den dazu gegebenen Gewebebrei nur sehr vereinzelt Zellteilungen stattgefunden haben, die wir aber in allen anderen Sektoren sehr reichlich bis zur fünften Zellschicht finden. Besonders zahlreich sind sie in den Abschnitten mit dem arteigenen Gewebebrei; aber auch der artfremde Gewebebrei enthält wirksame Wundhormone. Daß durch das Abspülen der Schnitte keine anderen physiologisch wichtigen Stoffe außer den Wundhormonen entfernt wurden, zeigt ein Vergleich zwischen dem abgespülten Sektor mit Kohlrabibrei und dem nicht gesäuberten ohne Gewebebrei. Beachte bei der mikroskopischen Untersuchung der Schnitte, daß alle unter der Wirkung der Wundhormone neu angelegten Zellplatten parallel zur Schnittfläche der Kohlrabischeibe liegen.

HABERLANDT, G.: Haberlandts Beitr. allg. Bot. **2**, 1 (1921).

Versuch 62. Bohnen-Test für Wundhormone. Zu diesem Test werden junge, noch vollgrüne und nicht durch die Samen ausgehöhlte Bohnenhülsen verwendet. Diese zerlegen wir zwischen den Samenansatzstellen mit einem Messer in einzelne Abschnitte, verwerfen diejenigen direkt von der Basis und Spitze der Hülse; dann trennen wir die Abschnitte an der Mittelrippe und an der Verwachsungsnaht des Fruchtblattes auf und nehmen die Samen heraus.

Nun legen wir je 30 dieser Abschnitte zu einer Serie in eine PETRI-Schale auf angefeuchtetes Filtrierpapier (Abb. 26) und geben in die Mitte eines jeden Abschnittes einen Tropfen der auf die Wundhormone, das Traumatin, zu testenden Lösung (Abb. 26). Die abgedeckten PETRI-Schalen stellen wir in einen Thermostaten bei 25°. Nach 48 Stunden untersuchen wir die Abschnitte und messen bei den unter der Einwirkung des Traumatins entstandenen Protuberanzen die maximale Höhe aus, die ein Maß für den Wundhormongehalt des Gewebes darstellt (Abb. 26). Mikroskopische Schnitte durch die Gewebehöcker zeigen uns Zellteilungen in der Epidermis und in den darunter liegenden Zellschichten.

WEHNELT, B.: Jb. Bot. **66**, 773 (1927). — BONNER, J. u. J. ENGLISH: Plant. Physiol. **13**, 331 (1938).

Versuch 63. Entstehung von Gewebehöckern nach Verletzung des Bohnenpericarps. Wie zu Vers. 62 bereiten wir uns einige „Abschnitte" von Bohnenhülsen vor und stechen diese mit einer feinen Nadel an. Nach 48stündiger Kultur bei 25° auf angefeuchtetem Filtrierpapier stellen wir fest, daß sich an den verletzten Stellen kleine Zellwucherungen gebildet haben. Die mikroskopische Untersuchung zeigt weiter, daß diese Gewebehöcker auf den Bohnenhülsen durch Zellteilungen entstanden sind.

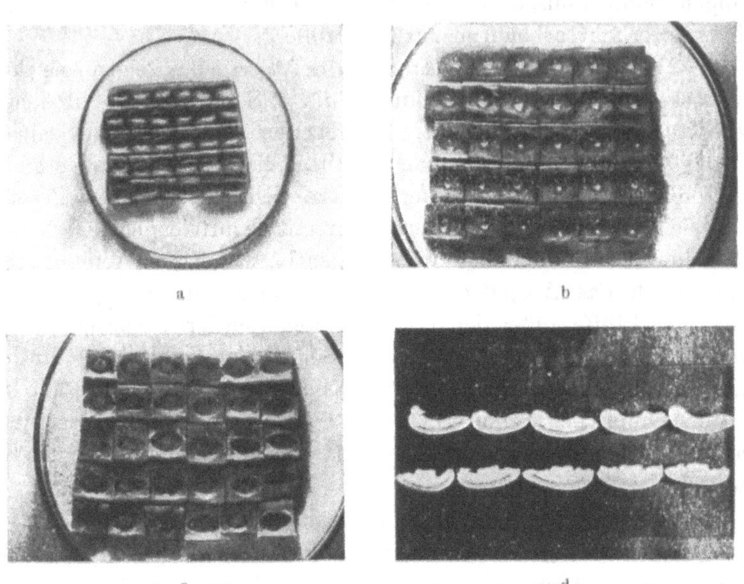

Abb. 26. Zur Methodik des Bohnen-Testes. a) Einzelne „Bohnenabschnitte" zu einer Serie in einer Petrischale zusammengestellt; b) „Abschnitte" mit je einem Tropfen der auf die Wundhormone zu testenden Lösung; c) Reaktion nach 48 Stunden; d) Querschnitte durch die „Abschnitte": Obere Reihe: Kontrollen. untere Reihe: Kraterbildung auf dem Pericarp nach Einwirken der Hormone. Zu Versuch 62. (Aus J. BONNER u. J. ENGLISH, 1938.)

Versuch 64. Traumatingehalt verschiedener Pflanzenteile. Auf ihren Traumatingehalt testen wir nach der in Vers. 62 beschriebenen Methode den aus dem Gewebebrei folgender Organe durch Abpressen gewonnenen Saft: Grüne Bohnenhülsen, grüne und etiolierte Erbsenpflanzen, Früchte der Tomate, Orange, Melone. Diese Lösungen enthalten alle reichlich Traumatin, während der Gehalt zerriebener Kartoffeln, der Brauereihefe und des Malzes an Wundhormonen gering ist. Schließlich läßt sich in trockenen Samen, Mehl oder Bäckerhefe kein Traumatin nachweisen.

Für den spezifischen Traumatinnachweis muß man zeigen, daß die Höhe der Protuberanzen auf den Abschnitten der Bohnenhülsen mit der Verdünnung des Gewebesaftes abnimmt (vgl. Vers. 29b, 53b, 59).

BONNER, J., u. J. ENGLISH: Plant. Physiol. **13**, 331 (1938).

Versuch 65. Marchals Regenerationsversuch am Moossporogon. Bekanntlich sind das Protonema und die Moospflanze haploid, das epiphytisch darauf wachsende Sporogon dagegen diploid. MARCHAL konnte nun zeigen, daß als Regenerat eines Moossporogons ein Protonema entsteht, das in seinem Zellkern ebenso viele Chromosomen enthält wie das Sporogon. Dieses Protonema ist also wie auch die daraus sich entwickelnde Moospflanze bivalent.

Um diesen Versuch zu wiederholen, gehen wir folgendermaßen vor: Von der überall vorkommenden und während des ganzen Jahres fruktifizierenden *Funaria hygrometrica* nehmen wir noch völlig grüne Kapseln ab, schneiden aus deren Gewebe (die Sporogonstiele zeigen hier keine Regeneration!) kleine Stücke heraus, die wir unter sterilen Bedingungen auf 1,5proz. Nähragar in PETRI-Schalen kultivieren. Als Quellungsflüssigkeit für den Agar verwenden wir eine 0,1proz. Nährlösung nach KNOP (s. S. 141) oder BENECKE (0,02% NH_4NO_3, 0,01% $CaCl_2$, 0,01% KH_2PO_4, 0,01% $MgSO_4$ und Spuren von $FeCl_3$). Vor allem ist auf die Feuchtigkeit dieser Kulturen, die wir bei Zimmertemperatur an einem hellen Nordfenster aufbauen, zu achten; denn schon nach einmaligem Austrocknen regenerieren die Gewebestückchen nicht mehr. Dagegen ist so viel Wasser, daß die Fragmente darin untertauchen, ebenso schädlich. — Für den Anfänger etwas leichter läßt sich dieser Versuch auch in der Weise durchführen, daß wir die zerschnittenen Mooskapseln nicht auf Nähragar, sondern auf steriler, mit Holzkohle vermischter Gartenerde auslegen.

Nach einiger Zeit (2—3 Wochen) treiben aus den Fragmenten die bivalenten Protonemen hervor, die wir dann vorsichtig vom Agar abheben und auf sterile (s. S. 147), mit Holzkohle vermischte Gartenerde überführen. Hier entwickeln sich die bivalenten Moospflanzen, deren zytologische Untersuchung 28 Chromosomen pro Zellkern ergibt an Stelle von 14 bei den normalen Pflanzen.

Diese beiden Rassen, genannt nach den in ihren Zellen enthaltenen Chromosomensätzen „*univalens*“ und „*bivalens*“, sind morphologisch

	Zellen- Länge μ	Zellen- Breite μ	Zellen- Dicke μ	Zellen- Volumen μ^3	Volumenverhältnis $\frac{2n}{n}$	Blatt- Länge mm	Blatt- Breite mm	Zellenzahl einer Blattbreite
univalens . .	76	28	34	72257	2,04	2,66	1,22	48
bivalens . . .	82	44	41	147930		3,37	1,76	49

WETTSTEIN, F. v.: Z. Abstammungslehre **33**, 1 (1924).

leicht voneinander zu unterscheiden. Weiter nehmen wir von jeder Form einige vergleichbare Blättchen ab und bestimmen deren Länge und Breite wie die Zellenzahl einer Blattbreite. Schließlich messen wir die Länge, Breite und Höhe der Zellen beider Rassen aus und ermitteln daraus das durchschnittliche Zellvolumen. In der vorstehenden Tabelle sind die von WETTSTEIN gefundenen Werte für diesen Versuch zusammengestellt.

Versuch 66. Beeinflussung der Mitose durch Colchicin:

a) Vitale Beobachtungen über den Einfluß von Colchicin auf die Kernteilung im Staubfadenhaar von Tradescantia. Aus einer jungen Blüte von *Tradescantia virginiana* oder *Tr. reflexa* nehmen wir die Antheren heraus und präparieren von diesen die Staubfadenhaare ab. Vorsichtig überführen wir einige Fäden auf einem Deckglas in eine feuchte Kammer (Kultur im hängenden Tropfen, s. S. 152). Im Mikroskop beobachten wir nun die Mitosen, die vor allem in den Endzellen eingeleitet werden und meist innerhalb von 2 Stunden beendet sind. Zu den einzelnen Zellteilungsstadien machen wir uns Zeichnungen von der Lage der Chromosomen und der Spindelfigur.

Darauf präparieren wir noch einmal mehrere Staubfadenhaare frei, legen sie jetzt aber in einen Tropfen einer 0,1proz. Colchicinlösung (diese evtl. mit einer 2proz. Rohrzuckerlösung ansetzen) und beobachten nun nochmals eine späte Prophase. Wir stellen hier fest, daß sich zwar die einzelnen Chromosomen normal aufspalten, die Spindelfigur aber nicht aus- (sondern bei späteren Mitosestadien zurück-) gebildet wird. Daher können sich die einzelnen Chromosomen nicht voneinander trennen, und es entsteht eine Zelle mit der doppelten Anzahl von Chromosomen.

Beobachte auch weitere Veränderungen in der Zelle!

WADA, B.: Cytologia **11**, 93 (1940). — STRUGGER, S.: Kern- u. Zellteilung. Inst. f. Film u. Bild. Hochschulfilm. C 559/1949.

b) Polyploidisierung der Gartenkresse durch Behandeln der gequollenen Samen mit Colchicinlösungen. In 3 PETRI-Schalen legen wir je 100 Samen der Gartenkresse (*Lepidium sativum*) für 12 Stunden auf angefeuchtetem Filtrierpapier aus. Darauf werden die nun vollständig gequollenen Samen der I. Schale für 3 Stunden, die der II. für 48 Stunden in eine 0,2proz. Colchicinlösung überführt. Die Samen der III. Schale bleiben zur Kontrolle in dem Leitungswasser. Nach dieser Behandlung spülen wir die Samen mit Leitungswasser ab und lassen sie auf Filtrierpapier keimen.

Bei den Keimlingen der behandelten Samen stellen wir nach 5 Tagen fest, daß das Würzelchen, die Sproßachse wie auch die Blättchen stark verdickt sind und daß das Streckungswachstum gehemmt ist (Abb. 27). In diesem Stadium bleiben sehr viele der behandelten Keimlinge stecken, und nur etwa 10% selbst von den nur 3 Stunden behandelten Sämlingen überwinden die Hemmung. Der Rest stirbt ab.

Die Keimlinge, die die Wachstumshemmung überwunden haben,

werden ausgepflanzt und weiter kultiviert, damit wir Material für den Vers. 67 besitzen.

STRAUB, J.: Wege zur Polyploidie. Berlin 1941 u. 1950.

c) Polyploidisierung von Keimpflanzen und Stecklingen durch Behandeln des Vegetationskegels mit Colchicinlösungen. Um die jüngsten, eben sichtbar gewordenen Blattanlagen von jungen Keimlingen der Tomate, des Tabaks oder Stecklingen von Fuchsien und Pelargonien legen wir am Abend einen in eine 0,1—0,2proz. Colchicinlösung eingetauchten Wattebausch. In den nächsten 2 bzw. in einer anderen Serie 5 Tagen wird dieser Wattebausch täglich von neuem mit der Alkaloidlösung angefeuchtet. Die Pflanzen sollen an nicht zu trockenen, aber auch nicht zu warmen Orten aufgestellt werden (Vermeidung von Fäulniserscheinungen am Vegetationskegel!). Nach dieser Colchicinbehandlung entfernen wir die Wattebausche und spritzen die Sproßspitze mit Wasser ab.

Abb. 27. Durch Einquellen in Colchicin gewonnene polyploide Keimlinge von *Lepidium*. Rechts: unbehandelte Kontrollpflanze. Mitte: Keimling aus 3 Stunden in Colchicin eingequollenem Samen (die Keimblätter sind verdickt, die Wurzel wächst nach einer Stauchung weiter). Links: zwei Keimlinge aus 48 Stunden in Colchicin (also zu lange) eingequollenem Samen. Die Wurzeln wachsen hier nicht mehr aus. Zu Versuch 66b. (Aus J. STRAUB, 1941.)

An den folgenden Tagen treten bereits die typischen Mißbildungen hervor: Das Streckungswachstum wird bei den behandelten Pflanzen zunächst eingestellt, die Sproßachse und die Blätter schwellen stark an. Häufig brechen auch aus dem unteren Sproßteil Adventivknospen hervor, die, soweit sie nicht in der Nähe des behandelten Vegetationskegels entstanden, entfernt werden. Nach 1—4 Wochen treibt dann der Haupttrieb zumindest einiger behandelter Pflanzen wieder aus, dessen Zellen dann polyploid sind. Verfolge nun die weitere Entwicklung dieser Pflanzen bis zur Blüte.

STRAUB, J.: Wege zur Polyploidie. Berlin 1941 u. 1950.

Versuch 67. Morphologischer und zytologischer Vergleich diploider und polyploider Pflanzen. Über die makroskopischen Kennzeichen polyploider Pflanzen macht J. STRAUB folgende Angaben: „Breitere Blätter, oft dunkleres Blattgrün, fühlbar erhöhte Blattdicke, verdickter Stengel, gedrungener Wuchs, verbreiterte Kelch- und Kronblätter, vergrößerte Haare, Verstärkung von Wellungen des Blattrandes, Vergrößerung von evtl. vorhandenen Blattzähnen.“

Zur mikroskopischen Untersuchung heben wir von einem ausgewachsenen Blatt mit einem Rasiermesser ein Stück der Blattunterseite ab und bestimmen die Größe der Schließzellen. Sie sind bei den Polyploiden ganz allgemein größer. Auch die einzelnen Pollenkörner sind größer. Um dies nachzuweisen, kratzen wir aus einer reifen Anthere etwas Blütenstaub auf einen Objektträger und untersuchen ihn in einem Tropfen Karminessigsäure. Damit die Pollenkörner durch die Last des Deckglases nicht zerdrückt werden, stützen wir es mit Deckglassplittern ab. Die Pollenform ist bei den Polyploiden meist kugeliger. Weiter beobachten wir, daß sich bei den Polyploiden zumeist recht viele Körner nicht anfärben. Sie sind nicht keimfähig.

Die wichtigste Methode zur Bestimmung des Polyploidiegrades ist aber durch das Auszählen der Chromosomen selbst gegeben. Dazu legen wir einen Vegetationskegel einer gut treibenden Sproßspitze auf einen Objektträger in einen Tropfen Karminessigsäure, erhitzen dann nach dem Auflegen eines Deckglases vorsichtig bis zum mehrmaligen Aufkochen (dabei darf die Flüssigkeit nicht vollständig verdunsten!) und zerquetschen das Objekt mit dem Daumen. (Genauere methodische Angaben zu dieser Chromosomenschnellfärbung finden sich bei J. STRAUB [s. u.] und L. GEITLER: „Schnellmethoden der Kern- und Chromosomenuntersuchung" 1940.) An gut gelungenen Präparaten lassen sich dann mit Hilfe einer Ölimmersion die Chromosomen relativ leicht auszählen.

STRAUB, J.: Wege zur Polyploidie. Berlin 1941 u. 1950.

Versuch 68. Organkultur ausdifferenzierter Zellen:

a) Kultur von Zellen aus dem Fruchtfleisch der Schneebeere in synthetischer Nährlösung. Wir reiben eine reife und völlig gesunde Frucht der Schneebeere (*Symphoricarpos albus* = *S. racemosus*) mit einer verdünnten Sublimatlösung (s. S. 147) gründlich ab, überspülen sie dann mit sterilem Wasser und ritzen sie mit einer sterilen Nadel unter sterilen Bedingungen ein. Aus einer kleinen Portion des Fruchtfleisches überführen wir die jetzt leicht zu isolierenden Zellen in einen Tropfen einer sterilen Lösung folgender Zusammensetzung: Auf 100 ccm Wasser:

0,1 g K_2HPO_4 0,01 g $CaCl_2 \cdot 6\,H_2O$
0,2 g $MgSO_4 \cdot 7\,H_2O$ 0,50 g NH_4NO_3 und
eine Spur $FeCl_3$ (sog. BEIJERINCKsche Lösung) + 5 g Glucose.

Das Präparat wird als hängender Tropfen in einer feuchten Kammer über einige Wochen aufgehoben (s. Anhang S. 153).

Die tägliche Untersuchung zeigt uns, daß die Wanderung des Plasmas wie des Zellkerns in den nicht zerknitterten Zellen 14 Tage lang bestehen bleibt, daß diese Zellen also noch ihre volle Vitalität besitzen. Später jedoch wird das Plasma voluminöser und schaumig, die Zellkerne quellen oft auf; dann sterben die Zellen bald ab.

Grundbedingung für das Gelingen dieses und der folgenden Versuche ist das völlige keimfreie Arbeiten! Beachte dazu auch die Angaben S. 144 und 146.

BÖRGER, H.: Arch. exper. Zellforschg. 2, 123 (1926).

b) Kultur von Schließzellen in synthetischen Nährlösungen. Für diese Versuche verwenden wir am besten dünne Flächenschnitte von der Blattunterseite einiger Liliaceen und Cruciferen. Die frischen Blätter werden vordem mit Wasser, dann mit einer stark verdünnten Sublimatlösung (s. S. 147) abgewaschen. Die nunmehr angefertigten Flächenschnitte legen wir unter sterilen Bedingungen zunächst für einige Minuten in eine 1 : 500 mol. KOH (Mol.-Gew. 56,11), um die aus den angeschnittenen Zellen ausfließenden, organischen Säuren zu binden. Danach überführen wir die Schnitte in ESMARCH-Schälchen, die zur Hälfte mit Nährlösungen gefüllt sind. Als solche verwenden wir für die Liliaceen 0,1-, 1,0- und 5proz. Traubenzuckerlösungen, für die Cruciferen gleichkonzentrierte Rohrzuckerlösungen, die beide mit abgekochtem, also sterilem Leitungswasser angesetzt werden.

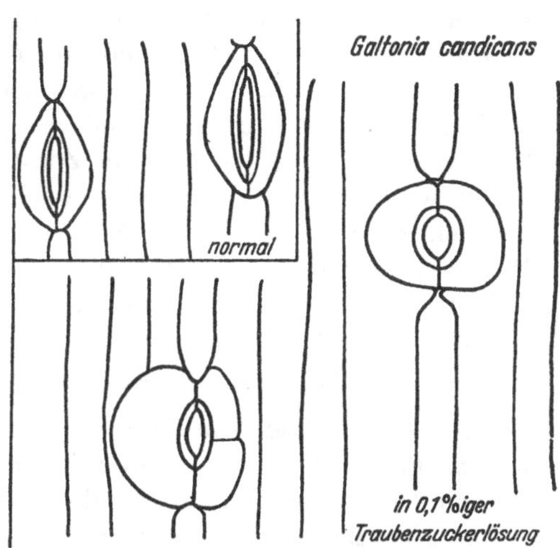

Abb. 28. Epidermisstückchen der Blattunterseite von *Galtonia candicans* nach 14tägiger Kultur in 0,1 proz. Traubenzuckerlösung. Zu Versuch 68 b. (Orig.)

Bei der Kultur der Flächenschnitte unter sterilen Bedingungen an einem Nordfenster bei Zimmertemperatur stellen wir fest, daß, soweit der Schnitt keine oder nur sehr wenige intakte Mesophyllzellen enthält, die Epidermiszellen sehr bald absterben. Die Schließzellen bleiben dagegen noch mehrere Wochen (bis zu 4 Monaten) am Leben. Beobachte nun den Stärkeauf- und -abbau in den Schließzellen an verschiedenen Stellen des Flächenschnittes und die unter geeigneten Kulturbedingungen eintretenden Wachstumserscheinungen der Stomata, bei denen es oft zu Auswachsungen der Bauch- oder Rückwände kommt. Fertige dafür zu Beginn wie bei Abbruch des Versuches Aufsichtsbilder von den Schließzellen an (Abb. 28).

THIELMANN, M.: Ber. dtsch. bot. Ges. 42, 429 (1924). — Arch. exper. Zellforschg. 1, 66 (1925).

Versuch 69. Organkultur meristematischer Gewebe:

a) Organkultur von Wurzelspitzen in wirkstofffreier, synthetischer Nährlösung. Einige Erbsensamen und Maiskörner baden wir in der Sublimat-Saponin-Lösung (s. S. 147), um sie so gründlich von allen ihnen anhaftenden Pilz- und Bakterienkeimen zu befreien. Nach dem Abspülen der Quecksilbersalze quellen wir die Samen in sterilem Wasser ein und übergießen sie in einer hohen PETRI-Schale mit 3proz. Agar, der höchstens eine Temperatur von 45° haben darf. Nach dem Erstarren des Agars kehren wir die PETRI-Schalen um und lassen dann die Wurzeln in den völlig keimfrei gehaltenen Raum (s. S. 147) nach unten wachsen. Haben die Wurzelspitzen die Agaroberfläche durchbrochen, schneiden wir mit einem sterilen Messer 1 mm von der Wurzelspitze (= 0,5 mm Wurzelhaube + 0,5 mm reines Meristem) ab.

Diese kleinen Wurzelfragmente überführen wir in schräg gestellte Reagensgläser, die zu $^2/_3$ mit 1,5proz. Agar (als Quellflüssigkeit verwenden wir dazu eine um das Zehnfache verdünnte, normale KNOPsche Nährlösung [s. S. 141] mit einem Zusatz von etwa 2proz. Glucose) gefüllt wurden. Die Wurzelspitzen wachsen nun in den Agar hinein und bilden in 10—12 Tagen Wurzelregenerate von 1—2 cm Länge. Meist werden in dieser Zeit auch Wurzelhaare ausgebildet. Die Gewebedifferenzierung ist, wie die anatomische Untersuchung zeigt, im allgemeinen normal.

KOTTE, W.: Ber. dtsch. bot. Ges. **40**, 269 (1922).

b) Passagenkultur von Wurzelspitzen in wirkstoffhaltiger Nährlösung. Eine reife Tomate reiben wir äußerlich mit dem Sublimat-Saponin-Gemisch (s. S. 147) ab und entnehmen dann aus ihrem Innern mit sterilen Instrumenten mehrere Samen. Diese legen wir in einem keimfreien Raum zur Keimung aus (s. S. 147). Sind die Wurzeln bis zu einer Länge von 2 cm herangewachsen, schneiden wir 1 cm von den Wurzelspitzen ab und geben jedes Fragment in einen 200 ccm-ERLENMEYER-Kolben mit 25 ccm folgender sterilisierter Nährlösung nach WHITE:

$Ca(NO_3)_2$	0,0170 g	$Fe_2(SO_4)_3$	0,00068 g
$MgSO_4 \cdot 7\,H_2O$	0,0822 g	Glucose puriss.	20,00 g
KNO_3	0,0126 g	Wasser	800,0 ccm
KCl	0,00827 g	Hefeabkochung (s. S. 143)	200,0 ccm
KH_2PO_4	0,00151 g		

Die Kulturgefäße stellen wir in einen Thermostaten bei 23°. Die Wurzeln wachsen hier schnell heran und bilden Seitenwurzeln aus. Nun schneiden wir jede Woche 1 cm von der Spitze der Wurzelregenerate ab und überführen dieses Fragment wieder in 25 ccm der gleichen Nährlösung. Wir stellen fest, daß das Wachstum in dieser und den folgenden Passagen durchaus nicht vermindert ist. Überführen wir aber ein Wurzelregenerat in eine entsprechende Nährlösung ohne Hefeabkochung, so beobachten wir bald Degenerationserscheinungen und das Einstellen des weiteren Wachstums.

WHITE, PH. R.: Plant. Physiol. 9, 585 (1934).

V. Regeneration und Transplantation.

Aus den Versuchen des vorhergehenden Kapitels konnten wir entnehmen, daß nach einer Verwundung pflanzlicher Zellen Wirkstoffe entstehen, die imstande sind, bereits ausdifferenzierte Zellen zu neuen Mitosen anzuregen und auf diese Weise einen Wundabschluß zu bilden. In vielen Fällen ist es aber auch über diese Wundkompensation hinaus möglich, daß ein abgetrenntes Organ wieder ersetzt, also neu gebildet wird. Eine derartige Regeneration kann nun dadurch erfolgen, daß die Ersatzbildung aus der Wundfläche direkt, d. h. ohne vorausgehende Bildung eines Kallusgewebes, einsetzt. Solche Regenerationserscheinungen, die bei den höheren Pflanzen im Gegensatz zu den Tieren nur rel. selten verwirklicht sind, werden im allgemeinen als „Restitutionen" bezeichnet. Viel häufiger setzt bei den Pflanzen aber zunächst eine Kallusbildung ein, aus der heraus sich das neue Organ differenziert, oder bereits vorhandene, aber bisher ruhende Anlagen gelangen nun nach der durch die Abtrennung bewirkten Aufhebung der korrelativen Hemmung zur weiteren Entwicklung. Wir bezeichnen diese Erscheinung im Gegensatz zur Restitution als „Reproduktion". Da aber zwischen beiden Möglichkeiten der Regeneration keine scharfen Grenzen bestehen, viele Autoren auch für den gleichen Prozeß der Wundkompensation verschiedene Ausdrücke verwenden, ist die strenge Unterscheidung der oben definierten Begriffe und Ausdrücke nicht immer möglich.

Sonderfälle der Regeneration stellen die „Transplantationen", d. h. die künstlich bewirkte Verschmelzung von zwei verschiedenen Organismen, dar. Entsteht bei einer derartigen Verwachsung aus Reis und Unterlage nicht nur ein einheitlicher Organismus, sondern auch ein einheitlicher Vegetationskegel, der sich aus Meristemen beider Reaktionspartner zusammenfügt, so erhalten wir einen Pfropfbastard, eine sog. „Chimäre". Diese unterteilen wir je nach der Art des Aufbaus des VK aus den beiden Partnern in Sektorial- und Periklinalchimären.

Die Versuche dieses Kapitels führen wir zweckmäßig im Frühjahr bis zum Frühsommer durch, da zu dieser Jahreszeit die Regenerationen am leichtesten eingeleitet werden!

Versuch 70. Aufhebung der Lebenseinheit eines Weidenzweiges durch einen Ringelschnitt. Von einem etwa 20 cm langen Weidenzweig, z. B. von *Salix viminalis*, nicht aber von *S. caprea*, heben wir aus der Zweigmitte zwischen 2 Ringelschnitten die Rinde ab und hängen den Zweig in Normalstellung in einen Glaszylinder, der mit angefeuchtetem Filtrierpapier ausgekleidet wurde. Beobachte nun nach 2 bis 3 Wochen, an welchen Stellen Wurzeln gebildet werden und welche schlafenden Augen sich zu neuen Seitenzweigen entwickeln. Welche Beziehung ergibt sich hier zum Ringelschnitt? (Vgl. Vers. 83.)

Vöchting, H.: Über Organbildung im Pflanzenreich. 1878.

Versuch 71. Neubildung von Membranen um isolierte Protoplasten:

a) Ausbildung einer Haptogenmembran um das ausfließende Plasma einer Chara. Wir präparieren uns ein Internodium einer *Chara fragilis* von den Seitenästen frei und schneiden es mit einer scharfen Schere an. Dann legen wir dieses Sproßstück auf einen Objektträger in Standortswasser. Bei schwacher Vergrößerung erkennen wir, daß aus der Schnittfläche zunächst Zellsaft, dann aber Plasma herausfließt. Wird das Präparat sehr vorsichtig behandelt und nicht erschüttert, können wir auf diese Weise eine Plasmakugel mit einem Durchmesser bis zu 2 mm erhalten.

In dieser Kugel grenzen sich nun sehr bald 3 Schichten deutlich ab: Zu äußerst eine sehr zarte, anfangs noch dünnflüssige Plasmamembran, die Haptogenmembran, dann folgt nach innen eine optisch leere Zone mit verwässertem Plasma und schließlich unverändertes Plasma. Die Haptogenmembran wird aber sehr bald brüchig, und bei der geringsten Erschütterung zerplatzt die Kugel.

Strugger, S.: Protoplasma (Berl.) 7, 23 (1928).

b) Ausbildung von Vernarbungsmembranen nach Plasmolyse. Zellfäden einer möglichst großen Wasserform von *Vaucheria*, z. B. *Vaucheria geminata*, legen wir in eine 0,3 mol. Rohrzuckerlösung (Mol.-Gew. 342,3). Der Protoplasmaschlauch hebt sich von den Zellmembranen ab und zerklüftet sich in mehrere Teilprotoplasten. Nach 1 Stunde hat sich aber die Plasmaoberfläche wieder abgerundet. Nun überführen wir einige Zellfäden in das Kulturwasser. Die Plasmateilstücke fließen wieder zusammen. Die Trennungszonen sind dann zunächst noch an ihrem Chloroplastenmangel kenntlich, der aber bald ausgeglichen wird, so daß wieder ein einheitlicher Zellfaden hergestellt ist.

Lassen wir die Zellfäden aber 24 Stunden und länger in dem Plasmolytikum liegen, dann fließen die Teilprotoplasten beim Überführen der Fäden in Leitungswasser nicht mehr zusammen. Es hat sich jetzt um die Teilprotoplasten eine neue Membran ausgebildet, die vor allem an den Plasmakuppen deutlich zu erkennen ist, aber noch deutlicher wird, wenn wir die Zellfäden nun in eine gesättigte Kaliumnitratlösung überführen. Bei der darauf eintretenden Plasmolyse stellen wir fest, daß sich der Protoplast nur sehr schwer von der regenerierten Membran abhebt (Ausbildung der Hechtschen Fäden hier besonders stark).

Bei längerem Verweilen der Fäden in dem Plasmolytikum treten zum Teil aus noch nicht völlig geklärten Gründen sog. „spontane Kontraktionen" der Teilprotoplasten ein. Wir stellen bei diesen Zellfäden fest, daß an den Plasmakuppen mehrere Vernarbungsmembranen übereinandergelagert sind (Abb. 29). Die chemische Untersuchung der jungen Vernarbungsmembranen zeigt, daß sich hier mit den gewohnten Reagenzien keine Zellulose nachweisen läßt. Die Membranen lösen sich aber auch in Eau de Javelle nicht auf, stellen also kein typisches Eiweiß mehr dar.

Andere für die Untersuchung von Plasmolysemembranen geeignete Objekte sind die Blattzähne von *Elodea densa* oder das Mycel von Saprolegnien.

WEISSENBÖCK, K.: Protoplasma (Berl.) **32**, 44 (1938).

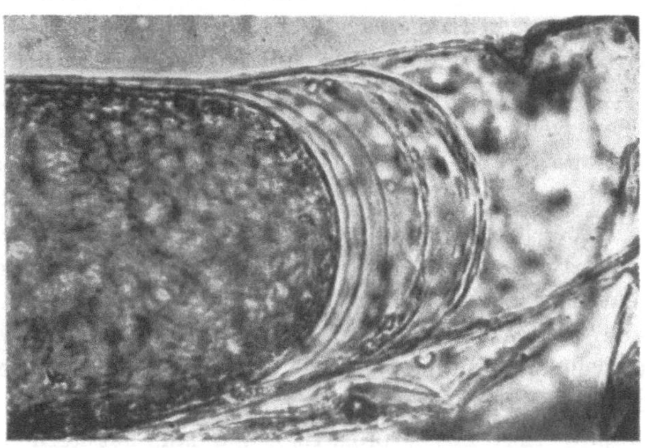

Abb. 29. Vernarbungsmembranen von *Vaucheria* nach spontaner Kontraktion des Zytoplasmas. Zu Versuch 71 b. (Nach K. WEISSENBÖCK, 1938.)

Versuch 72. Regeneration des Thallus von Marchantialen aus seinen Teilstücken. Einen Thallus von *Marchantia polymorpha* oder *Lunularia cruciata* zerschneiden wir mit einer Schere in viele kleine Teilstücke, die eine Oberfläche von nur wenigen Quadratmillimetern zu haben brauchen. Diese Fragmente legen wir in eine PETRI-Schale auf Filtrierpapier, das mit sterilem Leitungswasser oder einer verdünnten KNOPschen Nährlösung (s. S. 141) angefeuchtet wird. Die Schalen stellen wir an einem kühlen, hellen, aber keinesfalls direkt besonnten Ort auf.

Nach 2—3 Wochen können wir an den Teilstücken makroskopisch Regenerationen erkennen, aus denen sich dann vollständige Thalli entwickeln.

Versuch 73. Aufteilung des Wurzelvegetationskegels von Vicia faba. Wir legen Samen von *Vicia faba* zur Keimung aus. Sobald die Wurzeln hervorbrechen, bringen wir die Keimlinge in senkrechter Lage in eine feuchte Kammer (s. S. 153). Haben die Wurzeln hier eine Länge von etwa 0,5—1 cm erreicht, spalten wir sie genau in der Mitte auf und schieben in den Spalt ein Glimmerplättchen. Die so erhaltenen Vegetationskegelhälften regenerieren bald direkt aus der Schnittfläche heraus je ein vollständiges Meristem, d. h. sie bilden 2 selbständige Wurzelspitzen, in denen weiter Zellteilungen eingeleitet werden und das Streckungswachstum ungestört weitergeht.

Dieses Versuchsergebnis ist insofern äußerst wichtig, als es ein Beispiel von den wenigen uns bekannten Restitutionen eines Zellkomplexes bei den höheren Pflanzen darstellt.

SIMON, S.: Jb. Bot. **40**, 103 (1904).

Versuch 74. Regeneration am Wurzelstock von Taraxacum:

a) Eine Löwenzahnpflanze wird mit ihrem Wurzelstock ausgestochen und dann der ganzen Länge nach in zwei gleiche Teile gespalten. Diese pflanzen wir in Erde und finden, daß die beiden Teilstücke zwei voll lebensfähige Pflanzen ergeben (vgl. Vers. 119).

b) Einen weiteren Wurzelstock zerschneiden wir in kleine, etwa 3—5 mm breite Scheiben. Diese legen wir in PETRI-Schalen auf Filterpapier aus, das mit einer KNOPschen Nährlösung (s. S. 141) angefeuchtet wurde; nach 2—3 Wochen stellen wir fest, daß Regenerationserscheinungen eintreten und sich aus fast jedem Teilstück eine vollständige Pflanze entwickelt (vgl. Vers. 84).

Versuch 75. Regeneration aus entwicklungsphysiologisch verschieden alten Kotyledonen. Von möglichst jungen (1—2 Tage alten) bis zu etwa 15 Tage alten Kürbiskeimlingen (Dunkelkeimer!) werden die Kotyledonen abpräpariert, mit 0,5proz. H_2O_2 und dann mit sterilem Leitungswasser abgespült. Darauf werden die isolierten Organe entweder in feuchtem Sand oder in PETRI-Schalen, die mit angefeuchtetem Filtrierpapier ausgelegt sind, kultiviert. An der basalen Schnittfläche bilden sich nach 7—14 Tagen Adventivwurzeln heraus.

Beobachte nun an einer solchen möglichst großen entwicklungsphysiologischen Reihe, in welchem Entwicklungsstadium die stärkste Regeneration eintritt. (vgl. Vers. 82).

SMITH, L. H.: Beobachtungen über Regeneration und Wachstum an isolierten Teilen von Pflanzenembryonen. Diss. Halle 1907.

Versuch 76. Regeneration aus der Blattspreite von Begonia rex. Ein ausgereiftes Blatt von *Begonia rex* wird abgeschnitten und mit dem verkürzten Stiel in feuchte Torferde gesteckt. Nach Beschweren der Blattspreite mit kleinen Steinen oder Tonscherben liegt die Lamina der Erde möglichst fest auf. Nun durchschneiden wir mit einem Skalpell mehrere Nerven unterhalb der Aufteilung der Gefäßbündel. — Der Versuch wird an einem warmen, nicht zu dunklen Ort bei hoher relativer Feuchtigkeit, z. B. in einem Schwitzkasten des Gewächshauses, aufgebaut.

8—14 Tage nach dem Ansetzen des Versuches beginnen wir mit der anatomischen Untersuchung des Blattes oberhalb des Einschnittes.

Wir finden die ersten Zellteilungen in dem Parenchym nahe den Gefäßbündeln, später auch in der Epidermis, wo sich dann ein Gewebehöcker herausbildet, aus dem nach 4—5 Wochen Adventivsprosse entstehen. (Vgl. Vers. 100.)

HARTSEMA, A. M.: Rec. Trav. bot. néerl. **23**, 305 (1926).

Versuch 77. Regeneration aus meristematisch gebliebenen Blattteilen. An der Basis aller Fiederblättchen des Wiesenschaumkrautes (*Cardamine pratensis*) findet sich ein eng umgrenzter Gewebekomplex meristematisch gebliebener Zellen. Mitosen und Adventivbildungen unterbleiben hier jedoch, solange das Blatt im organischen Zusammenhang mit der wachsenden Mutterpflanze steht. Trennt man aber einzelne Blätter ab und legt sie auf feuchten Sand, so bilden sich bei günstigen äußeren Bedingungen bereits in 2—3 Wochen aus den Meristemen der Blattfiedern Wurzeln. Etwas später entwickeln sich hier auch die Sproßanlagen (vgl. Vers. 94).

Mit den Gewächshauspflanzen *Bryophyllum calycinum, Br. crenatum* und *Br. proliferum* läßt sich der Versuch entsprechend durchführen.

HARIG, A.: Planta (Berl.) **15**, 43 (1931). — SOBELS, J. C.: Rec. Trav. bot. néerl. **31**, 188 (1934).

Versuch 78. Vollständige und nicht vollständige Regeneration aus einem Blatt. Von einem *Pelargonium zonale* und einer *Begonia rex* nehmen wir mehrere Blätter mit dem Stiel ab und stecken sie in den Sand eines Schwitzkastens. Aus den Wundflächen beider Pflanzen treiben bald Adventivwurzeln hervor. Während nun aber die Begonie nach einiger Zeit auch Adventivsprosse bildet und somit eine vollständige Pflanze regeneriert, ist die Pelargonie hierzu nicht imstande. Wollen wir von dieser Geraniacee einen Ableger bekommen, so ist es erforderlich, einen Seitentrieb sich bewurzeln zu lassen.

Versuch 79. Transplantation.

a) Transplantation durch Pfropfung. Bei dieser Methode wird ein Teilstück eines Sprosses mit einer nahe verwandten Art oder Varietät so verbunden, daß an „Reis“ und „Unterlage“ die Kambialzonen möglichst weitgehend zur Deckung gelangen.

1. Kopulation. Sind Reis und Unterlage annähernd gleich stark, schneiden wir das obere Ende der Unterlage wie das untere Ende des Reises schräg zur Längsachse an, legen die Schnittflächen genau aufeinander und binden sie mit Bast in dieser Lage fest. Dann sind die Kopulationsstelle und die obere Schnittfläche des Reises durch Baumwachs luftdicht abzuschließen (Abb. 30).

Diese Art der Transplantation kommt vorwiegend im Nachwinter zur Anwendung. Kopuliert man im Sommer, so ist es notwendig, das Reis zu entblättern, um hier eine allzu starke Transpiration zu vermeiden.

2. Pfropfen hinter die Rinde. Ist die Unterlage wesentlich dicker als das Reis, so wird am besten das „Pfropfen hinter die Rinde“ angewendet. Die Unterlage wird in Höhe der geplanten Transplantation abgeworfen, d. h. senkrecht abgeschnitten, und erhält dann einen etwa 2 cm langen Längsschnitt, der nur die Rinde auftrennt, das Kambium aber nicht verletzt. Die seitlichen Rindenlappen heben wir leicht ab und schieben das mit einem einfachen Schrägschnitt (entsprechend der

Abb. 30. Zur Methode des Kopulierens: *U* Unterlage, *R* Reis, *V* zeigt, wie *U* und *R* miteinander vereinigt werden. Zu Versuch 79a, 1. (Nach H. MOLISCH, 1930.)

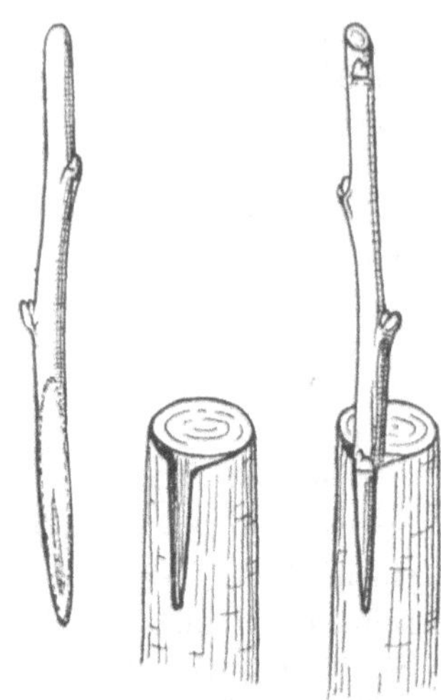

Abb. 31. Zur Methode des Pfropfens hinter die Rinde. Zu Versuch 79a, 2. (Orig.)

Kopulation, s. Abb. 30) versehene Reis so weit in den Spalt ein, bis es gut festsitzt. Der Pfropfkopf wird mit Bast verbunden und anschließend mit Baumwachs verstrichen (Abb. 31).

Da das Lösen der Rinde nur möglich ist, wenn die Pflanzen „in Saft stehen“, kann das Rindenpfropfen erst kurz vor dem Austrieb durchgeführt werden.

Für den gleichen Zweck kommt auch das Pfropfen in den Spalt in Frage, wenn diese Methode heute auch in der Praxis kaum noch Anwendung findet. Dazu wird die Unterlage ein Stück aufgespalten und zwei keilförmig zugeschnittene Reiser so in den Spalt eingesetzt, daß Holz auf Holz und Bast auf Bast kommt. Wir wickeln dann einen Bastfaden fest um die gespaltene Unterlage herum, um das Reis fest in den Spalt einzuklemmen, und kitten, falls nötig, die noch freien Wundflächen mit Baumwachs ab, um dadurch eine Fäulnis an den Schnittflächen zu vermeiden.

Nach diesen Methoden pfropfen wir z. B. verschiedene Apfel- oder Birnensorten vor dem Austreiben der Knospen aufeinander. Beachte auch Vers. 80.

b) Transplantation durch Okulation. Beim Okulieren wird nicht wie vordem ein ganzer Trieb, sondern nur ein schlafendes Auge transplantiert. Dazu führen wir einen T-Schnitt in die Rinde der Unterlage und heben die Rinde so ab, daß das Kambium frei liegt (Abb. 32). In diesen Schnitt schieben wir nun das aus dem Reis mit einem Stückchen Rinde schildförmig herausgeschnittene Auge und pressen die Rindenlappen der Unterlage mit Bastfäden an das Auge und den Holzkörper an (Abb. 32).

Diese Methode wird in der Praxis am häufigsten angewendet. Wir transplantieren auf diese Weise im Sommer z. B. das Auge von einer weißblühenden Rose auf eine rotblühende.

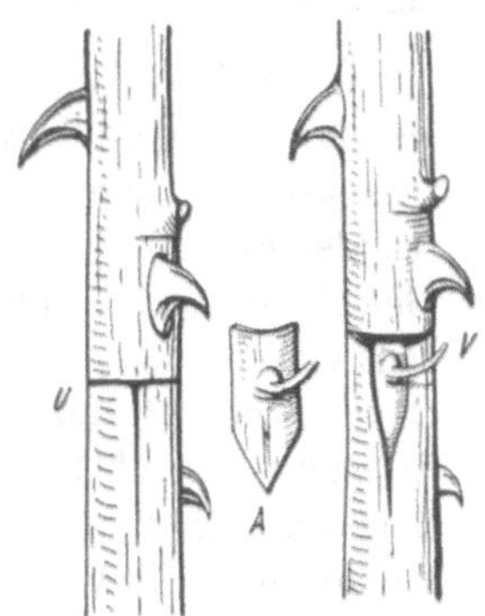

Abb. 32. Zur Methode des Okulierens: *U* Unterlage mit T-Schnitt, *A* Knospe mit Rinde, *V* Unterlage mit der eingesetzten Knospe. Zu Versuch 79 b. (Nach H. MOLISCH, 1930.)

Da man beim Transplantieren noch wesentlich mehr beachten muß, als ich hier aufführen konnte, rate ich, daß man sich selbst die hier besprochenen, einfachsten Pfropfungsarten von einem erfahrenen Gärtner, und zwar von einem gelernten Baumschüler vorführen läßt.

WINKELMANN, H.: Das Umpfropfen der Obstbäume, 4. Aufl. Grundlagen und Fortschritte im Garten- und Weinbau, Heft 3. Stuttgart 1946; Veredlung und Veredlungsarten in der Obstbaumschule und im Obstbau, 2. Aufl. Grundlagen und Fortschritte im Garten- und Weinbau, Heft 39. Stuttgart 1944.

Versuch 80. Chimären:

a) Herstellung von Solanum-Chimären. Bei einer größeren Anzahl junger Tomatenpflanzen (*Solanum lycopersicum*) entfernen wir den Gipfeltrieb und die Achselknospen. Weiter wird darauf geachtet, daß während der ganzen Versuchsdauer in den Blattachseln keine Adventivsprosse zur Entwicklung kommen. Sogleich nach der Dekapitation führen wir nach der Methode des „Pfropfens in den Spalt“ (siehe Vers. 79a, 2) in die Dekapitationsschnittfläche junge Sprosse vom Nachtschatten (*Solanum nigrum*) ein. Unter günstigen Vegetationsbedingungen (gleichmäßige Wärme und hohe relative Feuchtigkeit) gelingt diese Kopulation meistens gut. Nach 3—4 Wochen schneiden wir den Sproß an der Verwachsungsstelle quer durch. Aus dieser Schnittfläche, die also Gewebe von *Solanum lycopersicum* und *S. nigrum* enthält, differenzieren sich eine Anzahl von Adventivknospen, von denen wir aber allein diejenigen zur weiteren Entwicklung kommen lassen, die an der Grenzfläche von Reis und Unterlage angelegt werden. Alle anderen entfernen wir frühzeitig. Auch aus den verbleibenden Adventivknospen entstehen zumeist reine Tomaten- bzw. Nachtschattentriebe. Nur in einzelnen Fällen wird ein Vegetationskegel aus Meristemen beider Stammpflanzen angelegt. Wir erhalten so eine Chimäre.

Schon an jungen Sprossen läßt sich auf Grund der Blattgestalt feststellen, ob aus der Adventivknospe ein Tomaten-, Nachtschatten- oder Chimärentrieb entsteht, da die Blätter von *Solanum nigrum* einfach und ganzrandig, die der Tomate dagegen gefiedert sind. Die Blätter der Periklinal-Chimäre nehmen Zwischenstellungen ein.

Um überhaupt einige Chimären zu erhalten, ist es notwendig, den Versuch mit mindest 50 Pfropfungen anzusetzen!

Winkler, H.: Ber. dtsch. bot. Ges. **25**, 568 (1907); Biologe **4**, 279 (1935). — Beachte auch die Farbtafel in Strasburger: Lehrbuch der Botanik (alte Auflagen) oder Jos. Benecke-Jost: Pflanzenphysiologie, Bd. 2.

b) Analyse der weißrandigen Periklinal-Chimäre von Pelargonium zonale. Die mikroskopische Untersuchung an Blattquerschnitten einer Chimäre von dem *Pelargonium zonale* (z. B. den Formen: „Mädchen aus der Fremde" oder der „Madame Salleray") zeigt uns, daß nicht alle Gewebeteile Chlorophyll enthalten. Bei den meisten in den Gärten kultivierten Rassen sind die beiden äußersten Schichten (Epidermis [Schließzellen!] und die äußerste Lage der Palisaden- bzw. Schwammparenchymschicht) chlorophyllfrei. Die inneren Zellagen des Mesenchyms dagegen enthalten Chloroplasten. Daneben gibt es andere Rassen, deren Epidermis allein von Chloroplasten frei ist, oder solche, deren Epidermis und äußerste Schicht des Mesenchyms chlorophyllhaltig sind, deren restliche, innere Gewebeteile aber nur Leukoplasten besitzen. Stets ist also das innere Gewebe von einem Gewebemantel eines in bezug auf die Chlorophyllausbildung andersartigen Gewebes überzogen.

Baur, E.: Z. Abstammungslehre **1**, 330, 400 (1909); Ber. dtsch. bot. Ges. **27**, 603 (1909); Biol. Zbl. **30**, 497 (1910).

c) Analyse der Periklinal-Chimäre Laburnum adami. Die beiden Komponenten zu dieser Chimäre sind der gewöhnliche Goldregen (*Laburnum anagyroides* = *Laburnum vulgare*) und der als Zwergstrauch wachsende *Cytisus purpureus*. Zur Analyse untersuchen wir zunächst Blattquerschnitte und stellen für *Laburnum anagyroides* einen dichten Filz aus meist dreizelligen, der Blattfläche eng anliegenden Haaren fest. Bei *Cytisus purpureus* ist die Behaarung dagegen viel spärlicher; auch liegen hier die einzelnen Trichome der Blattfläche nicht so dicht an. Der zytologische Aufbau der Epidermis des Pfropfbastardes entspricht vollständig dem der Epidermis von *Cytisus purpureus*.

Zur genaueren Untersuchung fertigen wir uns weiter Querschnitte durch die Blütenblätter, und zwar durch den unteren Teil der Fahne, an. Bei dem gewöhnlichen Goldregen stellen wir bereits makroskopisch an dieser Stelle feine, braune Streifen als Saftmale fest, die dem *Cytisus purpureus* fehlen. Die mikroskopische Untersuchung der Blütenblätter von *Laburnum anagyroides* zeigt uns, daß alle Zellen, vor allem aber die der Epidermis, gelbe Chromoplasten enthalten. An den Stellen, wo ein Saftmalstreifen getroffen wurde, finden wir weiter unter der Epidermis einen 1—3 Zellschichten umfassenden Gewebekomplex aus kleineren und dichter gelagerten Zellen mit einem dunkelroten bis violetten Zellsaft. Die Zellen aus den Blütenblättern von *Cytisus purpureus* enthalten dagegen keine Chromatophoren; ihr Zellsaft ist vor allem in der Epidermis und den an diese Hautschicht grenzenden Geweben durch Anthocyane schwach rot gefärbt.

Die Epidermis von *Laburnum adami* ist nun anthocyanhaltig und frei von Chromatophoren, also gleich der von *Cytisus purpureus*. Das innere Gewebe enthält umgekehrt nur gelbe Chromatophoren. Dazu kommt die typische Ausbildung der Saftmale, wie wir sie für den gewöhnlichen Goldregen fanden. Der Mantel dieser Chimäre stammt also vom *Cytisus purpureus*, der Kern dagegen vom *Laburnum anagyroides*.

Zu dem gleichen Ergebnis kommen wir auch bei der mikroskopischen Untersuchung über die Verteilung der Gerbstoffe in den Blattstielen. Dazu infiltrieren wir kleine Stücke der Blattstiele von *Laburnum anagyroides*, *Cytisus purpureus* und der Periklinal-Chimäre mit einer 10proz. Kaliumbichromatlösung und lassen die Stücke 1—2 Tage darin liegen. Nach dieser Zeit fertigen wir uns Querschnitte an und stellen bei der mikroskopischen Untersuchung von *Cytisus purpureus* einen dicken Gerbstoffniederschlag in allen Gewebeteilen fest. Dieser fehlt bei *Laburnum anagyroides*; hier läßt sich höchstens eine schwache Gelbfärbung der Membranen erkennen. Bei dem Pfropfbastard finden wir den Niederschlag wieder, aber ausschließlich in der Epidermis.

Buder, J.: Ber. dtsch. bot. Ges. **28**, 188 (1910) — Z. Abstammgslehre **5**, 209 (1911).

d) Analyse der Periklinal-Chimäre Crataegomespilus asnieresii. Die beiden Stammpflanzen zu dieser Chimäre sind der Weißdorn (*Crataegus monogyna*) und die Mispel (*Mespilus germanica*). An Blattquerschnitten stellen wir fest, daß die Epidermis von *Crataegus* fast gar nicht, die der Mispel dagegen sehr stark behaart ist. Der Pfropfbastard bildet auf der Epidermis nun ebenso wie *Mespilus* sehr viele Haare aus.

Weitgehender läßt sich hier die Analyse an den Früchten durchführen: Die Fruchtepidermis von *Mespilus* ist durch Ausbildung eines Periderms mehrschichtig, die von *Crataegus* dagegen einschichtig. Die Zellen des Fruchtfleisches von *Crataegus* enthalten in den 3—4 äußeren Schichten Anthocyan, das in denen der Mispel aber fehlt. Eine Untersuchung der Früchte von *Crataegomespilus* zeigt, daß ihre Epidermis wie die der Mispel aufgebaut ist, daß aber das Fruchtfleisch dem des *Crataegus* entspricht.

Meyer, H.: Z. Abstammgslehre **13**, 193 (1914).

Zur besseren Übersicht über die in Vers. 80c und d gewonnenen Ergebnisse seien diese in den umstehenden Tabellen nochmals zusammengefaßt, in denen die Gleichheit der anatomischen Merkmale zwischen „Elter" und „Bastard" durch Fettdruck hervorgehoben ist:

Analyse der Periklinal-Chimäre *Laburnum adami.*

	Laubblatt Epidermis	*Blütenblatt*		*Blattstiel*	
		Epidermis	Mesophyll	Epidermis	inn. Geweb.
Laburnum anagyroides	Dichter Haarfilz aus 3-zelligen, d. Blattfläche anliegenden Haaren	Chromoplasten ++	**Chromoplasten + Saftmal + Anthocyan –**	Gerbstofffrei	**Gerbstofffrei**
Cytisus purpureus	**Wenige Haare abstehend**	**Chromoplasten – Anthocyan ++**	Chromoplasten — Saftmal — Anthocyan +	**Gerbstoffhaltig**	Gerbstoffhaltig
Laburnum adami	**Wenige Haare abstehend**	**Chromoplasten – Anthocyan ++**	**Chromoplasten + Saftmal + Anthocyan –**	**Gerbstoffhaltig**	**Gerbstofffrei**

Laburnum adami { Mantel = *Cytisus purpureus*
Kern = *Laburnum anagyroides*

Analyse der Periklinal-Chimäre *Crataegomespilus asnieresii.*

	Laubblatt Epidermis	*Frucht*	
		Epidermis	Fruchtfleisch
Weißdorn	schwache Behaarung	einschichtig	**anthocyanhaltig**
Mispel	**starke Behaarung**	**mehrschichtig**	anthocyanfrei
Chimäre	**starke Behaarung**	**mehrschichtig**	**anthocyanhaltig**

Crataegomespilus asnieresii { Mantel = Mispel
Kern = Weißdorn

Weitere Regenerationserscheinungen sind in folgenden Versuchen beschrieben: 24b, 46—49, 61, 65, 68, 69, 81—84, 89, 92, 100.

VI. Polarität.

Die pflanzliche Entwicklung haben wir bisher in den Stadien der Keimung, des Streckungswachstums, der Zellteilung und Differenzierung sowie der Wundkompensation kennengelernt, Prozesse, die, wie wir sahen, vornehmlich durch spezifische Wirkstoffe geleitet werden. Die gewichtigste Grundlage der Differenzierung ist nun aber die Tatsache, daß aus einer zumindest strukturlos erscheinenden, im allgemeinen auch radiär-symmetrisch gebauten, befruchteten Eizelle ein in Sproß- und Wurzelpol geschiedener Keimling, also ein polar gebauter Organismus hervorgeht, und daß es nur in sehr wenigen Fällen bisher möglich war, durch experimentelle Eingriffe eine einmal gegebene Polarität umzukehren (Vers. 84).

Bei jungen Zygoten im noch apolaren Zustand wirken polaritätsinduzierend, wie Vers. 85—88 zeigen, vor allem einseitig einfallendes Licht oder die Schwerkraft. Das Gefälle dieser physikalischen Faktoren bedingt zunächst wahrscheinlich eine physiologische Verschiedenheit, z. B. einen „Licht- und Schattenpol". Diese führt bei weiterer Differenzierung dann zu den anatomischen und später morphologischen Unterschieden.

Die Versuche aus diesem Kapitel sollen möglichst im Frühjahr oder Frühsommer angesetzt werden.

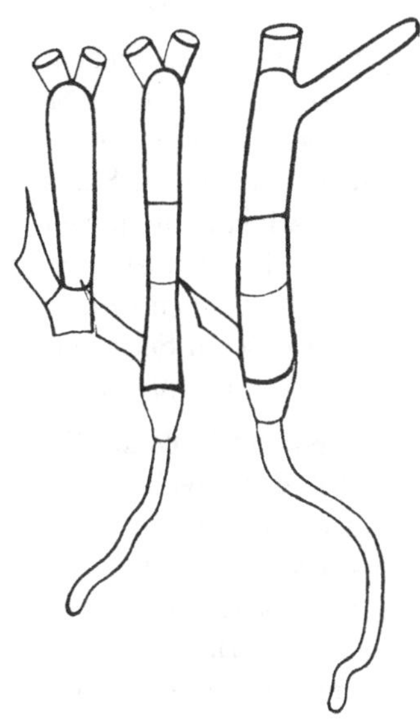

Abb. 33. Polare Restitution zerschnittener *Cladophora*-Fäden. Zu Versuch 81. (Nach Czaja, 1930.)

Versuch 81. Polare Restitution zerschnittener Cladophora-Fäden. Wir zerschneiden ein Bündel kräftiger *Cladophora*-Fäden in kleine Stücke und legen sie in Petri-Schalen, die mit reinem Standortswasser gefüllt sind. Den Versuch bauen wir an einem hellen Nordfenster auf. Nach 8—14 Tagen untersuchen wir die Fadenstücke mikroskopisch und stellen fest, daß sich am „Sproßpol" neue, grüne Seitentriebe entwickeln, aus dem „Wurzelpol" dagegen ausschließlich farblose Rhizoide (Abb. 33).

Czaja, A. Th.: Protoplasma (Berl.) **11**, 601 (1930).

Versuch 82. Polare Regeneration an Keimlingsorganen:

a) Die Kotyledonen von etwa 3—5 Tage alten Kürbiskeimlingen (Dunkelkeimer!) werden mit einem scharfen Messer abgetrennt, mit 0,5proz. H_2O_2 sterilisiert und dann in zwei oder mehrere Teile zerschnitten (vgl. Vers. 75).

In zwei gleichartigen Versuchsreihen stecken wir in der einen Serie die Kotyledonenstücke mit dem basalen, in der anderen mit dem apikalen Ende in sterile, angefeuchtete Erde und überdecken die Kulturgefäße mit einer Glasglocke, um so einen wasserdampfgesättigten Raum zu schaffen.

Beobachte nun, an welchem Pol die Regeneration der Wurzeln einsetzt und ob der gëische Reiz einen Einfluß auf den Ort wie die Art der Regeneration nimmt.

Nach 5—10 Tagen werden wir feststellen, daß sich die Adventivwurzeln — unabhängig von der Lage der Organstücke im Raum — ausschließlich aus der basalen Schnittfläche herausbilden. Damit ist bewiesen, daß für den Ort der Entstehung neuer Organe vor allem die inneren Polaritätsverhältnisse maßgebend sind.

Smith, L. H.: Diss. Halle 1907.

b) Einen entsprechenden Versuch können wir auch mit den Keimblättern eingequollener Samen von *Vicia faba* ansetzen. Wir präparieren dazu die Samenschalen ab und zerlegen die Kotyledonen in der Längsrichtung mit einem Skalpell in 3 Teilstücke. Diese werden unter möglichst sterilen Bedingungen in Petri-Schalen auf angefeuchtetem Filtrierpapier bei Zimmertemperatur kultiviert. Nach 10 Tagen etwa stellen wir an den Schnittflächen Kallusbildungen fest, die aber auf der zum Kotyledonstiel gerichteten Seite bedeutend stärker sind als auf der Gegenseite.

Nakano, H.: Ber. dtsch. bot. Ges. **42**, 261 (1924).

Versuch 83. Polarität bei den Regenerationsvorgängen eines Zweigstückes der Weide. In 2 Glaszylinder, die wir mit Fließpapier auskleiden, hängen wir je ein Stück eines Weidenzweiges (z. B. von *Salix viminalis*, nicht aber von *S. caprea*). Dabei soll einmal die morphologische Basis des Sprosses nach unten (Normalstellung), zum anderen nach oben (Inversstellung) zeigen. Nun feuchten wir das Filtrierpapier an, indem wir etwas Wasser in die Glaszylinder geben, achten aber darauf, daß die Sproßenden nicht in das Wasser eintauchen. Schließlich decken wir den Glaszylinder locker mit einem Glasdeckel ab und beobachten nach 2—3 Wochen, daß durch die Inversstellung die Polarität des Zweiges bei den Regenerationsvorgängen nicht umgekehrt wird (vgl. Vers. 70).

Vöchting, H.: Über Organbildung im Pflanzenreich. 1878.

Versuch 84. Polarität bei den Regenerationsvorgängen der Wurzeln von Taraxacum. Eine größere Anzahl kräftiger *Taraxacum*-Pflanzen stechen wir mit ihren Wurzelstöcken aus. Dann bereiten wir uns eine gleiche Anzahl passender Reagensgläser vor, indem wir sie mit Filtrierpapier innen auskleiden, etwas Wasser hineingeben, so daß das Papier stets feucht bleibt, jedoch nicht so viel, daß die mit Watte in die Reagensgläser einzuklemmenden Wurzeln in das Wasser eintauchen. Nach diesen Vorbereitungen setzen wir folgende Versuchsserien an:

1. Von einem Teil der Pflanzen entfernen wir die Wurzelspitzen, belassen ihnen aber die Blätter. In kurzer Zeit setzen Regenerationsvorgänge ein, indem hier neue Wurzeln angelegt werden (vgl. Vers. 74).

2. Von einigen weiteren Pflanzen schneiden wir mit dem Messer nicht nur die Wurzelspitzen, sondern auch den Sproßpol ab. Im allgemeinen beginnt die Regeneration mit Kallusbildung an der zum Sproßpol gerichteten Schnittfläche. Es werden hier neue Blätter angelegt. Später und viel schwächer bildet sich auch an der Wurzelschnittfläche ein Kallus heraus, aus dem aber weder Wurzeln noch Blätter hervortreiben. Erneuern wir aber zu diesem Zeitpunkt die Schnittfläche am Wurzelpol, so entwickeln sich auch hier wie unter 1 Wurzeln. Eine

3. Serie setzen wir wie die zweite an, gipsen aber den Sproßpol ein. Nun entwickelt sich der Kallus am Wurzelpol stärker, und aus ihm treten Blattanlagen hervor. Die Polarität ist also in diesem Versuch umgekehrt worden. — Daß von den Blättern und ihren Anlagen ein die Polarität bestimmender Einfluß auf die Wurzelanlagen ausgeübt wird, erkennen wir aus einem

4. Versuch. Die Wurzeln werden hier nur am Wurzelpol beschnitten. Nun führen wir in halber Höhe der Wurzel ein Glimmerplättchen etwa bis zur Wurzelmitte ein. Nach 10—14 Tagen erkennen wir, daß sich an der Schnittfläche unter dem Glimmerplättchen Blattanlagen herausbilden, an der oberen Schnittfläche dagegen Wurzeln. Dieser Versuch beweist gleichzeitig, daß die Polarität in den *Taraxacum*-Wurzeln durch einen bestimmten Wirkstoff gesteuert wird. — Daß es sich dabei um einen Streckungswuchsstoff handelt, legt der

5. Versuch nahe. Hier schneiden wir den Wurzel- und Sproßpol ab und schmieren auf die Sproßschnittfläche eine 0,5proz. β-Indolylessigsäurepaste. Darauf entstehen an dem Wurzelpol ausschließlich Wurzeln.

CZAJA, A. TH.: Ber. dtsch. bot. Ges. **49** (67) (1931); **53**, 197 (1935).

Versuch 85. Festlegung der Polarität von Farnprothallien durch Licht. Auf feuchtem Torfmull z. B. keimen die Sporen eines Farnes zu den bekannten, bilateralen Prothallien aus, die aus der dem Licht zugewendeten Assimilationsfläche und der Schattenseite mit den Sexualorganen und den in das Substrat hineinwachsenden Rhizoiden bestehen. Daß die hier vorliegende Polarität durch das von oben her einwirkende Licht festgelegt wird, zeigt folgender Versuch:

Wir bestreichen mit einem schwarzen, gut deckenden Mattlack die Außenseite beider Hälften einer PETRI-Schale oder bekleben diese mit schwarzem Papier. In die schwarze und eine klare Unterschale geben wir nun Leitungswasser oder eine verdünnte (1 : 50) KNOPsche Nährlösung (s. S. 141) und säen die Sporen eines Farnes hinein. Dann decken wir die erste Schale mit einer ungestrichenen, die zweite mit der geschwärzten Oberschale ab und stellen beide auf einen mit einer Glasplatte abgedeckten Dreifuß für einen Bunsenbrenner. Unter die Glasplatte bringen wir einen Spiegel, den wir so einstellen, daß er einen möglichst großen Teil des diffusen Tageslichtes in die PETRI-Schale, die mit der geschwärzten Oberschale abgedeckt wurde, von unten hineinreflektiert. Kurz gesagt: Der Versuch wird so aufgebaut, daß einmal das Licht ausschließlich von oben, das andere Mal dagegen nur von unten in die Schale einfällt (s. Abb. 34).

2—3 Monate nach der Keimung der Sporen stellen wir fest, daß sich bei der Beleuchtung von oben die Prothallien aus dem Wasser herausheben und ihre Assimilationsflächen senkrecht zum einfallenden Licht stellen. Die Sexualorgane finden sich hier auf der Schattenseite,

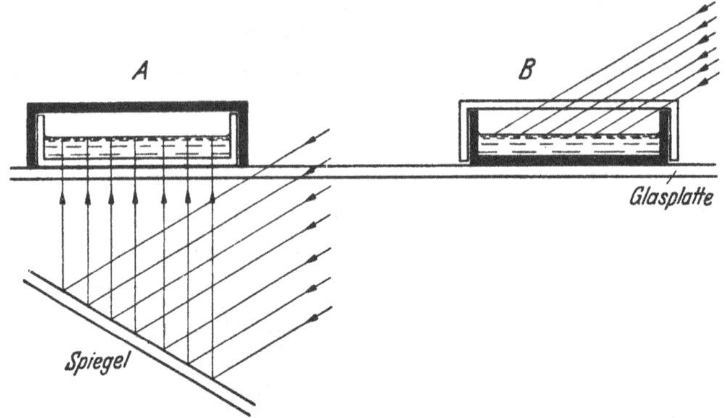

Abb. 34. Versuchsanstellung für Versuch 85, 86, 87. (Orig.)

also auf der morphologischen Unterseite der Prothallien. Bei der Belichtung von unten krümmen sich die Assimilationsflächen dagegen in das Wasser hinein. Auch hier werden die Sexualorgane auf der Schattenseite, nun aber auf der morphologischen Oberseite angelegt.

LEITGEB, H.: Flora (Jena) **60**, 174 (1877); **62**, 317 (1879).

Versuch 86. Bestimmung der Kernteilungsebene keimender Equisetum-Sporen durch das Licht. Wir säen frisch geerntete, bis höchstens 2 Tage alte *Equisetum*-Sporen (ältere Sporen sind nicht mehr keimfähig!) in einer Dunkelkammer bei rotem Licht möglichst locker und einzeln auf zwei mit einer dünnen, 1,5proz. Agar-Schicht überzogene Objektträger aus. Diese legen wir dann sofort in zwei, wie zu Vers. 85, Abb. 34 beschriebene PETRI-Schalen. Die Sporen werden also mittels einer Bogenlampe oder direktem Tageslicht einmal von unten, im anderen Falle von oben her belichtet.

Die erste, die Keimung einleitende Kernteilung ist bei den *Equisetum* zumeist bereits 24 Stunden nach der Aussaat vollzogen. Durch diese Mitose wird die Spore in zwei ungleiche Zellen zerlegt: in eine kleinere, linsenförmige Zelle mit sehr wenigen Chloroplasten (=Rhizoidpol) und eine größere, dunkelgrün gefärbte, primäre Prothalliumzelle. Am 3. Tage nach der Aussaat sind die aus der ersten Zellteilung sich ergebenden Unterschiede von Prothallium- und Rhizoidinitiale sehr deutlich zu erkennen. — In beiden Versuchen werden wir nun feststellen, daß die Prothalliumzelle stets zum Licht, die Rhizoidanlage dagegen zum Schatten hinweist.

STAHL, E.: Ber. dtsch. bot. Ges. **3**, 334 (1885). — NIENBURG, W.: Ber. dtsch. bot. Ges. **42**, 95 (1924). — MOSEBACH, G.: Planta (Berl.) **33**, 340 (1942).

Versuch 87. Festlegung der Polarität bei der Keimung der Brutkörper von Marchantia polymorpha durch das Licht. In einem entsprechenden Versuchsaufbau wie für Vers. 85 säen wir Brutkörper einer Marchantiale in eine geschwärzte und eine nicht geschwärzte PETRI-Schalen-Unterhälfte, die eine verdünnte KNOPsche Nährlösung (s. S. 141) enthalten. Die Brutkörper werden einmal von unten, zum andernmal von oben beleuchtet. Auch in diesem Versuch stellen wir nach 14 Tagen bereits fest, daß die dorsiventrale Anordnung im Thallus durch das Licht induziert wird.

FITTING, H.: Jb. Bot. **88**, 633 (1939).

Versuch 88. Bestimmung der Anordnung der Nadeln von Taxus baccata durch die Lage der Zweige im Raum. Im zeitigen Frühjahr, spätestens aber einen Monat vor dem Austreiben der Knospen, biegen wir einen möglichst horizontal gewachsenen Zweig der Eibe um 180°, so daß die morphologische Oberseite nach unten weist. In dieser Zwangslage wird der Zweig festgebunden.

Nach dem Austreiben der Knospen stellen wir bei dem umgebogenen Zweig fest, daß die frisch ausgetriebenen Nadeln wiederum zweizeilig angeordnet sind und wie bei den anderen Zweigen ihre morphologische Oberseite nach oben richten. Die dorsiventrale Anordnung der Nadeln aus der radiärsymmetrischen Knospe wird durch den Schwerkraft- und Lichtreiz bestimmt.

Beobachte auch die Anordnung der Nadeln solcher Zweige des Strauches, die vertikal aufwärts gewachsen sind.

FITTING, H.: Jb. Bot. **90**, 417 (1942).

VII. Korrelation.

Haben wir den bisherigen Versuchen entnehmen können, daß die Entwicklung und Gestaltung der Pflanzen durch Wirkstoffe und Polaritätsverhältnisse bestimmt wird, so wollen wir uns nunmehr an Hand einer Reihe weiterer Versuche vor Augen führen, welche entwicklungsphysiologischen Wechselbeziehungen zwischen den einzelnen Teilen bzw. Organen einer Pflanze bestehen und wie diese sog. „Korrelationen" die innere und äußere Ausgestaltung der Pflanze leiten.

Daß die Entwicklung eines Organes die eines anderen beeinflußt, erfahren wir aus Experimenten, in denen ein bestimmtes Organ operativ oder auch nur physiologisch ausgeschaltet, und dadurch die Entwicklung eines anderen Organes beeinflußt wird. Die durch eine derartige Operation bedingte Entwicklungsänderung führt nur in wenigen Fällen zu einer Entwicklungshemmung, wie z. B. zur Einstellung des Streckungswachstums im Sproß nach der Dekapitation von Keimlingen (Vers. 24). Dieser Versuch beweist uns, daß im organischen Verband die Entwicklung des Hypokotyls durch das Vorhandensein des Vegetationskegels gefördert wird.

Viel häufiger beobachten wir jedoch, daß ein Organ die Entwicklungspotenz eines anderen einschränkt, und dieses sich erst nach der physiologischen oder operativen Ausschaltung des übergeordneten Organs voll entfalten kann. Derartige Entwicklungshemmungen können qualitativer (Vers. 89—94) oder auch quantitativer Art (Vers. 95—100) sein.

Leider ist dieses so überaus reizvolle Gebiet bisher wissenschaftlich nur sehr wenig bearbeitet. Es ist daher auch noch nicht möglich, für jede der besprochenen Korrelationen eine vollständige Erklärung abzugeben. Wenn die kausalen Erkenntnisse auf diesem Gebiet auch noch sehr gering sind, so sollten wir uns doch zumindest gedanklich eingehend mit diesen Fragen beschäftigen, da sie uns zu der biologisch so wichtigen Tatsache führen, daß der Organismus mehr ist als die Summe seiner Organe!

Versuch 89. Verhinderung des Austreibens der Seitenknospen durch Wuchsstoffe. Von einer jungen Tomatenpflanze trennen wir den Gipfeltrieb ab. Nach etwa 10—14 Tagen stellen wir fest, daß die bisher ruhenden Achselknospen nun austreiben. Diese korrelative Hemmung in den Seitenknospen können wir auch dadurch aufheben, daß wir den Gipfeltrieb eingipsen und ihn somit an seiner weiteren Entwicklung hindern.

Daß bei diesem Entwicklungsvorgang die Streckungswuchsstoffe eine entscheidende Rolle spielen, zeigt folgender Versuch: Nach der Dekapitation der jungen Tomatenpflanzen geben wir auf die Schnittflächen eine 0,5proz. β-Indolylessigsäurepaste und erneuern diese nach 4—6 Tagen. Die Achselknospen treiben nun so lange nicht aus, wie aktive Streckungswuchsstoffe in dem Sproß enthalten sind. Der Versuch zeigt also, daß der Ruhezustand der Seitenknospen durch die aus dem Gipfeltrieb herabdiffundierenden Streckungswuchsstoffe bewirkt wird.

Müller, A. M.: Jb. Bot. **81**, 497 (1935).

Versuch 90. Austreiben der Kotyledonar-Achselknospen von Bohnen nach dem Entfernen der Epikotylspitze.

a) Keimlinge von *Vicia faba* oder *Phaseolus* werden bis zu einer Länge von 2—4 cm herangezogen. Dekapitieren wir das Epikotyl unterhalb des untersten Niederblattes, so treiben nach einigen Tagen die sonst ruhenden Kotyledonar-Achselknospen aus (Abb. 35).

Um zu zeigen, daß für diese korrelative Hemmung die von der Epikotylspitze gebildeten und von hier herabdiffundierenden Streckungswuchsstoffe verantwortlich sein können, geben wir auf die Dekapitationsschnittfläche eine Wuchsstoffpaste aus einer 0,5proz. β-Indolylessigsäure. Wir stellen in diesem Versuch eine deutliche Hemmung beim Austreiben der Achselknospen fest.

Abb. 35. Austreiben der Kotyledonar-Achselknospen nach Entfernen der Epikotylspitze bei *Phaseolus*. Zu Versuch 90. (Aus E. BÜNNING, 1939.)

b) Deutlicher wird dieses Ergebnis noch bei folgender Versuchsanstellung. Nach der Dekapitation spalten wir das Epi- und Hypokotyl in der Mediane bis zum Wurzelansatz. Auf die Dekapitationsschnittfläche der einen Spalthälfte tragen wir wiederum die Wuchsstoffpaste auf, auf die andere Hälfte dagegen eine Wasserpaste. Es wird nur das Austreiben der Kotyledonar-Knospe gehemmt, die der Wuchsstoffspalthälfte anliegt. — Schließlich können wir die korrelative Hemmung der Achselknospen auch dadurch aufheben, daß die Sproßspitze statt der Dekapitation vollständig eingegipst und so an der Weiterentwicklung gehindert wird.

Der Versuch soll 8—10 Tage vor der Demonstration angesetzt werden.

MÜLLER, A. M.: Jb. Bot. **81**, 497 (1935).

Versuch 91. Aufrichten eines Seitenzweiges nach dem Entfernen des Gipfeltriebes. Den Gipfeltrieb einer jungen Fichte, Tanne oder Kiefer schneiden wir ab und beobachten während der nächsten Vegetationsperiode das Aufrichten eines Seitenzweiges aus dem obersten Wirtel. Sind hier nicht alle Zweige gleich stark ausgebildet, übernimmt im allgemeinen der kräftigste die physiologische Funktion des Haupttriebes.

Versuch 92. Abtrennung des Blattstieles als Korrelation. Von einigen Blättern einer *Coleus*-Pflanze trennen wir die Blattspreite vollständig ab, so daß in dieser I. Serie allein die Blattstiele am Stamm verbleiben. An einer II. Pflanze schneiden wir von mehreren Blättern die Blattlamina etwa zu $^4/_5$ ab, während wir in der III. Serie die Blattspreite wieder vollständig abtrennen, hier aber auf die Schnittfläche des Stieles eine 0,5proz. β-Indolylessigsäure-Paste auftragen. Die Pflanzen verbleiben im Gewächshaus bei möglichst hoher relativer Feuchtigkeit.

Nach 4—7 Tagen stellen wir fest, daß in der I. Serie die betreffenden Blattstiele vergilben und abfallen. Die Blattstiele der II. Pflanze, an denen noch ein Stückchen der Lamina erhalten blieb, sitzen jedoch noch fest am Stamm. Da wir das gleiche Ergebnis auch für die mit der Wuchsstoffpaste behandelten Stiele erhalten, weist uns der III. Versuch darauf hin, daß für diese Korrelation Streckungswuchsstoffe verantwortlich zu machen sind.

MAI, G.: Jb. Bot. **79**, 681 (1934).

Versuch 93. Auslösung von Postflorationserscheinungen durch Wuchsstoffe. Als Versuchsobjekte eignen sich vor allem folgende Pflanzen:

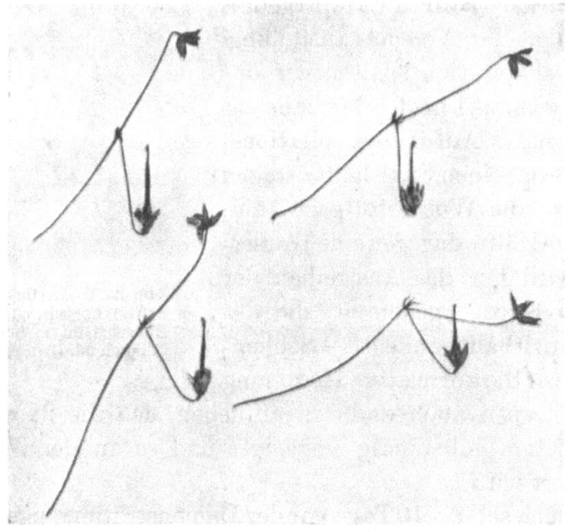

Abb. 36. Auslösung von postfloralen Bewegungen an den Blütenstielen von *Geranium palustre* nach β-Indolylessigsäurebehandlung. Obere Reihe: Postflorale Aufkrümmung ausschließlich der befruchteten Blüten. Untere Reihe: Postflorale Aufkrümmung auch der unbefruchteten, aber mit β-Indolylessigsäure behandelten Fruchtknoten. Zu Versuch 93. (Aus H. KIENDL, 1940.)

Aconitum napellus, *Althaea rosea*, *Anthericum ramosum*, *Aquilegia olympica*, *Camassia cusickii*, *Delphinium chinense* und *D. vitifolium*, *Digitalis purpurea*, *Eremurus robustus*, *Fritillaria imperialis*, *Galtonia candicans*, *Geranium palustre*, verschiedene *Lilium*-Arten und *Linaria cymbalaria*.

An einzelnen Blüten dieser Pflanzen beobachten wir zunächst die nach der Befruchtung, also postfloral, eintretenden Bewegungen des Blütenstieles (Abb. 36, obere Reihe). Dann durchschneiden wir den Fruchtknoten einiger unbefruchteter Blüten im unteren Drittel und geben auf die Schnittfläche eine Wuchsstoffpaste aus einer 1proz. β-Indolylessigsäure. Auf die Dekapitationsflächen einiger gleich alter, unbefruchteter Blüten geben wir dagegen eine Wasserpaste.

Einige Tage nach der Wuchsstoffbehandlung bemerken wir an diesen Blütenstielen postflorale Bewegungen (Abb. 36, untere Reihe), die bei den mit Wasserpaste behandelten Kontrollen unterbleiben. Beobachte auch die Anschwellungen, die bei einigen Objekten in den mit Wuchsstoff behandelten Fruchtknoten recht deutlich auftreten und parthenocarpe Früchte darstellen (vgl. Vers. 52).

Dollfuss, H.: Planta (Berl.) **25**, 1 (1936). — Kiendl, H.: Planta (Berl.) **31**, 230 (1940).

Versuch 94. Einfluß des Blütenstandes auf die Adventivsproßbildung bei Cardamine pratensis. Der Vers. 77 zeigte uns, daß das beim Wiesenschaumkraut (*Cardamine pratensis*) an den Basen der Blattfiedern erhalten gebliebene Meristem so lange in Ruhe bleibt, wie die Blätter an der Mutterpflanze belassen werden. Entfernen wir dagegen zur Blütezeit bei einzelnen Pflanzen die Blütenstände und sämtliche Achselknospen, so bilden sich bei Kultur der ganzen Pflanze im feuchten Raum auf den Blättern des Blütensprosses wie auf den Grundblättern in 2—3 Wochen eine große Anzahl Adventivtriebe. An den Kontrollpflanzen, denen der Blütenstand und die Achselknospen belassen wurden, entwickeln sich dagegen im feuchten Raum nur in ganz vereinzelten Fällen Adventivtriebe.

Harig, A.: Planta (Berl.) **15**, 43 (1932).

Versuch 95. Verlängerung der Lebensdauer einer Pflanze durch frühzeitiges Entfernen der Blütenanlagen. Von jungen Keimpflanzen der wohlriechenden Reseda (*Reseda odorata*) entfernen wir während ihrer ganzen Entwicklung alle Blütenanlagen und Seitentriebe sogleich nach ihrem Erscheinen. Der Haupttrieb entwickelt sich nun viel stärker und kann bis zu 2 m hoch werden. Darauf kneifen wir die Endknospe heraus und lassen die Seitentriebe eine dichte Krone bilden. Verhindert man aber weiter die Entwicklung der Blütenanlagen an diesem Bäumchen nicht nur während der ersten Vegetationsperiode, sondern auch in den folgenden, dann bleiben die Pflanzen über mehrere Jahre, im Gegensatz zu den normalen, nicht beschnittenen, am Leben.

Entsprechend läßt sich auch durch Entfernen der Blütenanlagen die Lebensdauer folgender Pflanzen verlängern: *Erophila verna* (= *Draba verna*), *Veronica arvensis* und die beliebte Rabattenpflanze *Lobelia erinus* (Abb. 37).

Molisch, H.: Pflanzenphysiologie als Theorie der Gärtnerei, 6. Aufl., S. 244 Jena 1930.

Versuch 96. Vergrößerung der Nebenblätter von Vicia faba nach Entfernen der Fiederblätter. Von einer Keimpflanze der Pferdebohne (*Vicia faba*) entfernen wir an einem noch nicht entfalteten Blatt die Fiederblättchen, ohne aber die Nebenblätter, deren weitere Entwicklung wir nun verfolgen, zu beschädigen. Letztere werden dann bedeutend größer als normalerweise und können so die assimilatorische Tätigkeit der abgetrennten Blätter übernehmen.

Eine Parallele zu dieser Vergrößerung der Nebenblätter haben wir in der Natur bei mehreren Platterbsen u. a. Schmetterlingsblütlern, deren Blattspreiten ganz oder zum Teil zu Ranken umgewandelt und deren Nebenblätter dann zu Assimilationsorganen wurden.

GOEBEL, K.: Bot. Ztg. **38**, 833 (1880).

Versuch 97. Korrelative Hemmung des Längenwachstums der Seitenzweige zweiter Ordnung bei der Araukarie. Mehrere frisch abgeschnittene, plagiotrope Seitenzweige zweiter Ordnung einer Araukarie tauchen wir für einige Zeit mit der Schnittfläche in kaltes Wasser ein, um so ein allzu starkes Bluten zu verhindern, und pflanzen sie dann in sandige Heideerde. Da sich längst nicht alle Triebe bewurzeln, muß der Versuch mit mehreren Zweigen gleichzeitig angesetzt werden. Die Entwicklung der Stecklinge, die sich nach einigen Wochen bis Monaten bewurzelt haben, verfolgen wir über eine längere Zeit (1—2 Jahre) und vergleichen deren Längenwachstum mit dem der entsprechenden Seitenzweige, die am Stamm belassen wurden.

VÖCHTING, H.: Jb. Bot. **40**, 147 (1904).

Abb. 37. Verlängerung der Lebensdauer durch Verhinderung des Blühens bei *Lobelia erinus*. Die linke Pflanze starb nach dem Blühen im August ab, die rechte Pflanze wurde während des Sommers zweimal mit der Schere zurückgeschnitten und somit am Blühen verhindert. Sie war im Dezember noch am Leben. Zu Versuch 95. (Aus H. MOLISCH, 1930.) (Orig.)

Versuch 98. Korrelative Hemmung des Streckungswachstums partiell eingegipster Keimlinge. Wir gipsen eine Serie junger, etwa 4 cm langer Sonnenblumenkeimlinge von der Hypokotylbasis bis 5—10 mm unterhalb des Kotyledonenansatzes ein. In einer anderen Reihe ebenso weit entwickelter Keimlinge markieren wir auf dem Hypokotyl die Stelle, bis zu welcher der Gipsverband der Versuchspflanzen reicht. Nun verfolgen wir das Streckungswachstum in den entsprechenden Zonen beider Serien und stellen nach 2—3 Tagen fest, daß bei den Kontrollpflanzen das Streckungswachstum nicht nur in dem der Gipszone entsprechenden Abschnitt, sondern auch in der freien Hauptwachstumszone (s. Vers. 17a) viel stärker ist als bei den Versuchspflanzen.

HERING, FR.: Jb. Bot. **29**, 132 (1896).

Versuch 99. Die Ausbildung des Gefäßbündels als Korrelation zur Funktion der Blätter. Von einem möglichst jungen Bohnenkeimling (*Phaseolus coccineus*) entfernen wir sämtliche Blätter und Knospen des Epikotyls mit Ausnahme eines Primärblattes. Die Epikotylspitze wird dekapitiert, so daß das der Pflanze allein verbliebene Blatt die Spitze des Keimlings einnimmt. Während der weiteren Entwicklung wächst das Primärblatt sehr viel stärker als normalerweise heran. Auch seine Achselknospe treibt aus, wenn sie nicht vordem exstirpiert wurde.

Nach 3—4 Wochen fertigen wir uns mikroskopische Querschnitte durch das Epikotyl an und beobachten daran die Ausbildung der Gefäßbündel mit dem Verdickungsring. Wir stellen fest, daß die Gefäßbündel, die Anschluß an das eine Primärblatt hatten, sich bedeutend verstärkt haben. Die übrigen dagegen zeigen keinen weiteren Dickenzuwachs.

Zu einem entsprechenden Ergebnis kommen wir, wenn wir nach der Dekapitation des Epikotyls und nach Entfernen der beiden Kotyledonar-Achselknospen das eine Primärblatt des jungen Keimlings eingipsen und so an seiner weiteren Entwicklung hindern. Auch dann werden die Gefäßbündel, die an dieses Blatt Anschluß haben, nicht weiter verstärkt.

Jost, L.: Bot. Ztg. **49**, 485, 525 (1891); **51** I, 89 (1893); Z. Bot. **35**, 114 (1939).

Versuch 100. Einschaltung des Blattstieles als Sproßorgan bei Begonia rex. Mehrere ausgewachsene Blätter der *Begonia rex* werden mit dem Blattstiel so in Torferde gesteckt, daß das Blatt schräg nach oben zeigt, und in einem Warmhaus kultiviert. Nach kurzer Zeit bildet der Stengel Wurzeln aus, und aus der Basis der Blattspreite treiben Sprosse hervor. In vielen Fällen kommen außerdem aus dem Blattstiel noch ein bis mehrere Sproßanlagen zur Entwicklung. Diese entfernen wir aber rechtzeitig, um so eine bessere Entfaltung der Sprosse an der Blattbasis zu erzielen.

Hat nun nach mehrmonatiger Kultur der Adventivsproß eine kräftige Achse mit mehreren Blättern entwickelt, führen wir dünne Querschnitte durch den Blattstiel und vergleichen hier die Ausbildung der Gefäßbündel usw. mit derjenigen in den Blättern, die an der Pflanze belassen wurden. Die Leitbündel sind in der Versuchspflanze viel kräftiger ausgebildet und zeigen ein beträchtliches sekundäres Dickenwachstum.

Setzen wir gleichzeitig mit dem vorgenannten Versuch einen zweiten an, in dem nur die Blattspreite der Erde aufliegt, der Blattstiel der *Begonia* dagegen über den Topfrand herabhängt, so beobachten wir, daß hier im Gegensatz zum ersten Versuch der Blattstiel sehr bald zugrunde geht (vgl. Vers. 76).

Kny, L.: Naturwiss. Wschr. **19**, 169 (1904).

VIII. Symbiose und Avitaminose.

Die Versuche aus dem vorhergehenden Kapitel sollten uns demonstrieren, daß und in welcher Weise die einzelnen Organe eines Organismus sich gegenseitig in ihrer Entwicklung beeinflussen. Der folgende Abschnitt bringt nun einige Beispiele über die Wirkung, die zwei, zu einer engen Lebensgemeinschaft zusammengetretene Pflanzen entwicklungsphysiologisch aufeinander ausüben. Wir sprechen bei einem derartigen Zusammenleben zweier Organismen mit DE BARY (1878) allgemein von einer „Symbiose“. Gewinnt nun aus dieser Symbiose nur das eine Individuum für sich einen Nutzen, so liegt „Parasitismus“ vor. Gewinnen aber beide Organismen einen Vorteil aus der Lebensgemeinschaft und sind sie sogar in ihrer Entwicklung aufeinander angewiesen, so bezeichnen wir diese Symbiose als „Mutualismus“ oder richtiger als „Allelo-Parasitismus“.

Während man früher annahm, daß der einseitige oder wechselseitige Vorteil der Symbiose für die beiden Partner ausschließlich auf ernährungsphysiologischem Gebiet zu suchen sei, wie er ja auch tatsächlich bei den in Symbiose mit den Knöllchenbakterien lebenden Leguminosen (Vers. 101) vorliegt, so wissen wir heute, daß daneben auch die entwicklungsphysiologisch wichtigen Wirkstoffe von einem Symbionten auf den anderen übergehen können. Die Bedeutung dieses gemeinsamen Wirkstoffhaushaltes wird dann vor allem deutlich, wenn der eine Symbiosepartner zur Synthese der für seine normale Entwicklung notwendigen Wirkstoffe nicht imstande ist und diese dann von dem anderen Symbionten bezieht. Werden nun beide Partner durch einen experimentellen Eingriff voneinander getrennt, so müssen sich bestimmte Ausfallserscheinungen ergeben, die wir als „Avitaminosen“ bezeichnen.

Versuch 101. Anreicherung von N-Verbindungen im Boden durch Knöllchenbakterien der Leguminosen. Wir pflanzen zu einem Dauerversuch junge Keimlinge der Buschbohne und etwa 14 Tage später dazu Wintergerste in 2 MITSCHERLICH-Gefäße, die mit ausgewaschener, sterilisierter Erde (s. S. 147) gefüllt sind. Dann geben wir in eines der beiden Gefäße zusätzlich eine Aufschwemmung von Knöllchenbakterien (*Rhizobium leguminosarum*), die wir aus einer gut entwickelten Freilandpflanze der Buschbohne gewonnen haben, und gießen stets beide Gefäße mit einer KNOPschen Nährlösung „ohne N“ (s. S. 141).

Im Verlauf der ersten, deutlicher aber in der folgenden Vegetationsperiode, — zu der der Versuch mit derselben, jedoch erneut sterilisierten Erde frisch angesetzt wird — stellen wir fest, daß sich nicht nur die Bohnen, sondern auch die Gerste in dem mit der Bakterienaufschwemmung begossenen Gefäß sehr gut entwickeln, während die Pflanzen im anderen Versuchsgefäß die typischen Erscheinungen für N-Mangel zeigen. Die Bakterien binden also den Luftstickstoff, der dann aber nicht nur den Leguminosen, sondern auch anderen Pflanzen zugute kommt.

Beim Aufstellen der Versuche achten wir darauf, daß die beiden Vergleichsgefäße so stehen, daß Fliegen usw. nicht die Bakterien von der bakterienhaltigen Kultur zum Leerversuch übertragen können.

Versuch 102. Stickstoffgewinn der Erlen-Keimlinge bei Symbiose mit Actinomyceten. Einen dem vorhergehenden entsprechenden Versuch, der ebenfalls als Demonstrationsversuch sehr gut über mehrere Jahre laufen kann, setzen wir folgendermaßen an: Im Herbst gesammelte Nüßchen der Schwarzerle (*Alnus glutinosa*) lassen wir im Frühjahr 24 Stunden in Wasser quellen und legen sie sodann in sterilem Sand zur Keimung aus. Haben die Keimlinge eine Länge von etwa 3—4 cm erreicht, nehmen wir sie vorsichtig aus dem Substrat heraus und setzen sie in eine größere Anzahl von 300—500 ccm fassende ERLENMEYER-Kolben ein, indem wir sie mit Watte in den Hals locker einklemmen. Die Kolben stellen wir nun zu 4 Serien zusammen und füllen die der Serie I und III mit Nährlösungen folgender Zusammensetzung:

KCl	0,5 g	$Ca_3(PO_4)_2$	0,25 g
$CaSO_4 \cdot 2\,H_2O$ . . .	0,5 g	$Fe_3(PO_4)_2$	0,25 g
$MgSO_4 \cdot 7\,H_2O$. . .	0,5 g	H_2O	1000,0 ccm

Die Versuchsgefäße der Serien II und IV werden mit einer entsprechenden Nährlösung beschickt, die aber an Stelle von KCl 1,0 g KNO_3 auf 1000 ccm Wasser enthält, also im Gegensatz zu der ersten N-haltig ist. Die aktuelle Azidität aller Lösungen wird mit verdünnter H_2SO_4 auf p_H 5,7—6,0 eingestellt. Dieser Wert wird durch Zugabe weiterer Säure oder NaOH über die gesamte Versuchszeit möglichst konstant gehalten. Weiter ist es für das Gelingen des Versuches wesentlich, die Lösungen in den Versuchskolben des öfteren zu durchlüften (s. S. 140).

Wir entnehmen nun von einer Freilandpflanze der Schwarzerle einige der bekannten Wurzelknollen, die sog. Rhizothamnien, die möglichst frische Austriebe aufweisen sollen, säubern sie unter einem kräftigen Wasserstrahl von den ihnen anhaftenden Fremdstoffen und zerreiben sie sodann in einem Mörser unter Zugabe von Wasser. Von dieser Aufschwemmung, die den *Actinomyces alni* enthält, geben wir jeweils etwas in die Kolben der Serien III und IV, also in eine N-haltige und eine N-freie Nährlösung. Die Erlenwurzeln werden bald infiziert und bereits nach 4—8 Wochen können wir zunächst an den Hauptwurzeln, dann aber auch an den Nebenwurzeln kleine, rote Schwielen und gabelige Verzweigungen erkennen, die die Anlagen zu den durch *Actinomyces alni* hervorgerufenen Rhizothamnien darstellen. Ihr Auftreten beweist uns, daß die Infektion gelungen ist.

Zumeist werden die Keimlinge durch die Infektion anfangs etwas geschädigt; danach entwickeln sie sich aber sehr kräftig weiter. Die infizierten, in N-freier Lösung gezogenen Keimlinge holen in wenigen Wochen in ihrer Entwicklung die nicht infizierten, in N-haltigem Substrat wachsenden ein. Dagegen kümmern die nicht infizierten, in N-freier Nährlösung aufwachsenden Keimlinge weiterhin sehr stark und zeigen die typischen N-Mangelerscheinungen. Das Ergebnis dieses Versuches beweist uns, daß die Erlen in Symbiose mit dem *Actinomyces alni* nicht auf den im Substrat enthaltenen Stickstoff angewiesen sind, daß sie vielmehr den Luftstickstoff selbst zu binden vermögen (Abb. 38).

+ Stickstoff — Stickstoff — Stickstoff
— *Actinomyces* — *Actinomyces* + *Actinomyces*.

Abb. 38. Stickstoffgewinn der Erlenkeimlinge in Symbiose mit Actinomyceten. Zu Versuch 102. (Nach Krebber, 1932.)

Da den Keimlingen in den gewählten Kulturgefäßen nur sehr geringe Nährstoffmengen zur Verfügung stehen, müssen die Lösungen etwa alle 2 Monate erneuert werden. Soll der Versuch über längere Zeit laufen, so wählen wir zur Kultur der Jungpflanzen 1—10 l-Gefäße, damit sich in ihnen die Wurzeln entwickeln können. Während der Wintermonate kommen die Pflanzen in ein Kalthaus.

Abschließend untersuchen wir die aus der Symbiose hervorgegangenen Knöllchen zytologisch. Der Strahlenpilz lebt intrazellulär in den Rindenzellen, stets in einem bestimmten Abstande zum Periderm und Zentralzylinder. Die infizierten Zellen werden bedeutend größer und auch ihre Kerne nehmen an Volumen zu. An den Enden schwellen die *Actinomyces*-Fäden zu kleinen Bläschen an. In langsam wachsenden Knöllchen finden wir z. T. rundliche Körper an Stelle der Fäden. Im Gegensatz zu diesen sog. Bakteroiden, die der Vermehrung dienen sollen, werden die Fäden zu bestimmten Zeiten nach der Infektion verdaut. Alle verwertbaren Stoffe werden abgebaut und von der Erle aufgenommen. Nur die Pilzmembranen bleiben erhalten. Danach stirbt die Wirtszelle ab.

Krebber, O.: Arch. Mikrobiol. **3**, 588 (1932). — Rohberg, M.: Ber. dtsch. bot. Ges. **52**, 54 (1934). — v. Plotho, O.: Arch. Mikrobiol. **12**, 1 (1942).

Versuch 103. Parasitismus beim Klappertopf, Rhinanthus alectorolophus. Im Herbst, sogleich nach der Ernte, legen wir in eine größere Anzahl kleiner Blumentöpfe auf sterilisierte Erde (s. S. 147) Samen von *Rhinanthus alectorolophus* (= *Alectorolophus major*) aus und überdecken sie mit einer 2—3 cm hohen Erdschicht. In die Töpfe der I. Serie legen wir pro Topf 5—10 Samen ein, in die der II. Serie dagegen 20—30 und in die der III. Serie wieder nur 5—10, außerdem aber noch einige Karyopsen von *Phleum pratense*, *Festuca ovina* oder eines anderen Grases. Im März bis April des folgenden Jahres tritt bei einigen, aber durchaus nicht bei allen Samen die Keimung ein. Nun verziehen wir in der I. und III. Serie die Keimlinge vom Klappertopf so, daß in diesen Serien nur jeweils ein *Rhinanthus*-Keimling pro Topf bleibt.

Während der weiteren Entwicklung stellen wir in Serie I fest, daß die isoliert für sich wachsenden Keimlinge $1^1/_2$ Monate nach der Keimung ihre weitere Entwicklung einstellen, zwergig klein bleiben, nur 3—5 Paar chlorotischer Blätter und gestauchte Internodien ausbilden. Dann sterben die Sämlinge, ohne zur Blüte gekommen zu sein, ab. Die Keimlinge der III. Serie entwickeln sich dagegen normal weiter und treiben im Mai etwa Blüten. Wie die nähere Untersuchung zeigt, parasitieren die *Rhinanthus*-Keimlinge auf den Wurzeln der Gräser und entziehen diesen Substanzen, die sie zur normalen Entwicklung benötigen, wahrscheinlich bestimmte Wirkstoffe. Da sich bei der Dichtsaat der II. Serie auch einige der Halbschmarotzer normal entwickeln, und wir bei diesen feststellen können, daß diese die Wurzeln der gleichen Art anzapfen, müssen wir annehmen, daß diese entwicklungsphysiologisch notwendigen Substanzen auch von den *Rhinanthus*-Keimlingen selbst gebildet werden, aber offensichtlich in viel zu geringer Menge.

HEINRICHER, E.: Jb. Bot. 32, 389 (1898).

Versuch 104. Bedeutung der symbiontischen Bakterien für die Entwicklung der Ardisia-Keimlinge. Durch die am Blattrande der Myrsinacee *Ardisia crispa* hervortretenden Knoten führen wir Querschnitte und erkennen an diesen nach Behandlung mit einer alkoholischen Fuchsin-Lösung (1 : 1000) in den Interzellularen Anhäufungen von relativ langen, dünnen, stäbchenförmig gebogenen Bakterien: *Bacterium foliicola*. Die entwicklungsphysiologische Bedeutung dieser Endophyten für die *Ardisia*-Keimlinge zeigt uns folgender Versuch:

Von einer fruchtenden *Ardisia* nehmen wir mindestens 50 rote Steinfrüchte ab. (Beachte, daß bei dieser Pflanze, im Gegensatz zu den in Vers. 15a gewonnenen Erfahrungen, einzelne Früchte bereits an der Mutterpflanze zu keimen beginnen!) Die gesammelten Früchte entsteinen wir, reiben die Kerne zwischen Filterpapier ab, lassen sie an der Luft trocknen und legen sodann eine Hälfte der Kerne zwischen angefeuchtetes Filterpapier in eine PETRI-Schale, die wir sodann für 2—3 Tage in einen auf 40° C einregulierten Thermostaten stellen. Die Kerne der Kontrollserie verbleiben während der gleichen Zeit bei Zimmertemperatur. Nach dieser Vorbehandlung legen wir die Kerne beider Serien getrennt in mit angefeuchteter, sterilisierter Gartenerde gefüllten Blumentöpfen aus und kultivieren die Sämlinge in einem hellen Warmhaus.

Die Keimung erfolgt erst nach längerer Zeit. Nach 3 Monaten etwa erkennen wir aber bereits, daß die aus den nicht erhitzten Früchten hervorgegangenen Keimlinge sich schnell und kräftig zu normalen Pflanzen entwickeln. Die Keimlinge aus den erhitzten Früchten kümmern dagegen stark. In ihrem Längenwachstum stehen sie den normal entwickelten nach; die angelegten Blätter werden zumeist bald wieder abgeworfen, und die Assimilation wird von dem später korallenartig umgestalteten Stämmchen übernommen.

Um das Ergebnis dieses Versuches zu verstehen, muß erwähnt werden, daß die bei *Ardisia* nachgewiesenen Bakterien sich nicht allein in den Knoten am Blattrande finden, sondern auch im Meristem wie in den Früchten zwischen dem Endosperm und Embryo. Die Bakterien werden hier so in „erblicher“ oder besser „zyklischer“ Symbiose von der Mutterpflanze auf die Sämlinge übertragen im Gegensatz zu den Leguminosen-Keimlingen, bei denen ja jeweils eine Neuinfektion vom Substrat aus erfolgen muß. Weiter ist das *Bacterium foliicola* äußerst thermolabil und wird daher bereits in den Früchten durch Erhitzen auf 40° C quantitativ abgetötet. In unserem Versuch sind also die aus den erhitzten Samen hervorgegangenen Sämlinge bakterienfrei, die der Kontrolle enthalten dagegen den Symbionten. Daß dieser aber, wahrscheinlich durch Bildung von bestimmten, noch unbekannten Wirkstoffen für die normale Entwicklung der *Ardisia*-Keimlinge erforderlich ist, zeigt der geschilderte Versuch sehr deutlich.

Miehe, H.: Jb. Bot. **58**, 29 (1917). — de Jongh, Ph.: Verh. K. Nederl. Akadem. van Wetenschappen. II. 37 (1938).

Versuch 105. Kultur von Orchideenkeimlingen. Die Orchideen besitzen die kleinsten Samen, die wir überhaupt kennen. Es gehen auf 1 g z. B. 500000 Samen der *Goodyera repens* oder *Cephalanthera damasonium*, von einer *Anguloa* sogar 2500000 Samen. Bei diesen Blütenpflanzen ist das Endosperm meist völlig reduziert und auch der Embryo im Vergleich zu anderen Pflanzen viel weniger weit entwickelt. Dies aber hat physiologisch zur Folge, daß die Orchideenembryonen nicht imstande sind, sich aus eigener Kraft und mit den dem Samen eingelagerten Nährstoffen zu lebensfähigen Keimlingen zu entwickeln. In vielen Fällen genügt es nun, dem Keimsubstrat einige Nährsalze und vor allem lösliche Kohlenhydrate beizufügen, um entwicklungsfähige Keimlinge zu erhalten (Vers. 105a); für andere Orchideen ist aber außerdem noch die Zuführung eines bestimmten Wirkstoffes, des Vandophytins, erforderlich (Vers. 105b, c).

Diese Orchideenversuche sind relativ schwer durchzuführen und eignen sich wohl kaum für ein Anfängerpraktikum. Sie sollten besser von einem erfahrenen Assistenten vorbereitet und als Demonstrationsversuch angesetzt werden.

a) Keimung und Entwicklung von Orchideen in pilzfreier Kultur.

I. Nährsubstrat. In je 500 ccm dest. Wasser werden gelöst:

A.		B.	
$Ca(NO_3)_2$	1,0 g	K_2HPO_4	0,25 g
$(NH_4)_2SO_4$	0,25 g	KH_2PO_4	0,25 g
$MgSO_4 \cdot 7\,H_2O$	0,25 g		
$FeSO_4 \cdot 7\,H_2O$ (aus Alkohol gefällt)	0,20 g		

Mische nach dem Lösen der Substanzen beide Lösungen und gib dazu 10 g Traubenzucker und 10 g Fruchtzucker oder 20 g Rohrzucker. Dann kochen wir die Lösungen mit 12—15 g vorher gut gewässertem und wieder getrocknetem Agar auf, bis sich dieser gelöst hat, verschließen den Kolben mit einem Wattestopfen und sterilisieren nach 24 und 48 Stunden ohne Überdruck in einem Dampftopf (s. S. 144). Nach der zweiten Sterilisation gießen wir den Agar in einen Weithalskolben oder in sterile Reagensgläser und lassen ihn hierin bei schräger Lage der Gläser erstarren.

II. Gewinnung steriler Orchideensamen. Vor der Vollreife der Orchideenkapsel umwickeln wir diese mit Bast, um so ein vorzeitiges Aufspringen zu verhindern. Wird das Fruchtgehäuse welk und trocken, nehmen wir die Kapsel von der Mutterpflanze ab, entfernen den Bast, reiben die Früchte mit 70proz. Alkohol ein und flammen sie dann über einem Bunsenbrenner ab. Die sterile Entnahme der Samen aus der Kapsel geschieht folgendermaßen: zunächst gründliches Waschen der Hände, dann mit einem sterilen Messer die Kapsel unterhalb der Säule quer durchschneiden und die Samen mittels einer ausgeglühten Platinnadel in ein steriles Reagensglas kratzen. Das Reagensglas wird sofort mit einem sterilen Wattestopfen verschlossen.

III. Aufbringen der Samen auf das Nährsubstrat. Mit einer sterilen Platinöse bringen wir eine kleine Portion der Samen in die Kulturgefäße und verteilen sie mit wenig sterilem Wasser gleichmäßig auf der Agaroberfläche. Anfänglich kultivieren wir die Samen bei 23—25° in einem Brutschrank, dann am schwachen Tageslicht, schließlich in einem Warmhaus unter Schutz vor direktem Sonnenlicht. Die Sämlinge werden alle 3—4 Monate auf ein frisches Nährsubstrat überführt. Zum Vergleich setzen wir einen entsprechenden Versuch auf nährstofffreiem Agar an.

Beachte beim Arbeiten im sterilen Raum die S. 146 gemachten Angaben.

Burgeff, H.: Samenkeimung der Orchideen und Entwicklung ihrer Keimpflanzen. Jena 1936.

b) Avitaminose bei Orchideenkeimlingen. Samen von einer *Vanda*, *Phalaenopsis* oder *Dendrobium* entwickeln sich in dem Nährmedium, wie es für Vers. 105a angegeben ist, nicht. Wohl gelingt die Kultur aber bei folgender Versuchsanstellung:

Wir setzen je 2 Serien mit Samen der genannten Orchideen nach den Vorschriften für Vers. 105a an. Zu dem Nähragar der einen Versuchsreihe geben wir einen Extrakt von Hefe oder *Vicia faba*-Samen, den wir folgendermaßen gewinnen:

Die von der Samenschale möglichst befreiten Samen werden zerkleinert und in einer Mühle fein gemahlen. Etwa 30 g des Mehls behandeln wir zweimal nacheinander für je 1 Stunde in einem Extraktionsapparat mit Rückflußkühler mit 250 ccm heißem, 75 proz. Alkohol. Die vereinigten, abfiltrierten Extrakte werden nun auf dem Wasserbad eingedampft und der verbleibende Rückstand mit einem Gemisch von 1 Teil Chloroform und 3 Teilen Äther kräftig durchgeschüttelt. Der nach dem Abfiltrieren von Lipoiden und anderen Verunreinigungen befreite, wirkstoffhaltige Rückstand wird nun in abgestufter Menge mit je 50 ccm verflüssigtem Nähragar aus Vers. 105a aufgenommen und nach dem Einfüllen in die Reagensgläser in einem Dampftopf nochmals sterilisiert. Vergleiche nun die Keimlingsentwicklung auf dem wirkstoffhaltigen mit der auf dem wirkstofffreien Nähragar, wo sich die Keimlinge nicht normal zu entwickeln vermögen (Abb. 39).

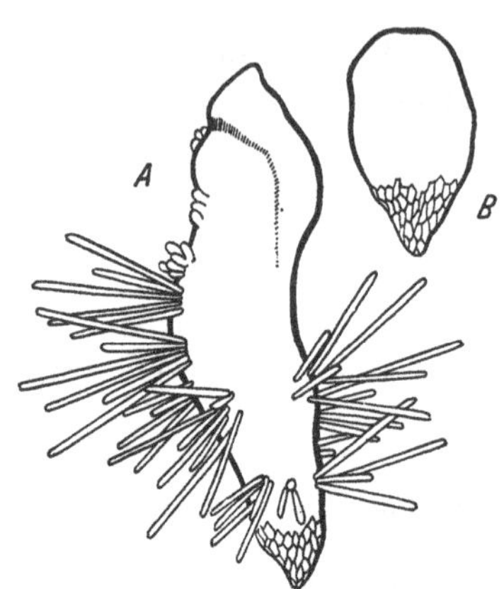

Abb. 39. 38 Tage alte Keimlinge von *Phalaenopsis amabilis* × *Ph. schilleriana*. A. Auf vitaminhaltigem Substrat aufgewachsene, B. auf vitaminfreiem Substrat aufgewachsene Sämlinge. Zu Versuch 105 b. (Nach G. SCHAFFSTEIN, 1938.)

SCHAFFSTEIN, G.: Jb. Bot. **86**, 720 (1938); **90**, 141 (1941).

c) Keimung und Kultur von Orchideen mit ihrem Mykorrhiza-Pilz. Von einer Erdorchidee (z. B. *Phalaenopsis amabilis* oder *Ph. schilleriana*) schneiden wir ein etwa 1 cm langes Stück der wachsenden Wurzelspitze ab, legen es für 10 Minuten in eine Chlorkalklösung (10 g Chlorkalk in 150 ccm dest. Wasser, umrühren und filtrieren) und spülen es dann wieder mit sterilem Wasser ab. Das Wurzelfragment bringen wir jetzt auf einen sterilen Objektträger, erneuern den Querschnitt und stellen uns mit einem sauberen Rasiermesser einen nicht zu dünnen, medianen Längsschnitt her, dessen Velamen wir unter einem Präpariermikroskop abtrennen. Gleichzeitig prüfen wir, ob der endotrophe Pilz, die *Rhizoctonia*, in dem Längsschnitt auch noch lebendes Mycel enthält. Ist dies der Fall, übertragen wir den Schnitt in eine PETRI-Schale, die eine nicht zu dünne Schicht eines

Malzagars mit 0,5proz. Malzextrakt oder eines Agars folgender Zusammensetzung enthält:

Auf 1000 ccm dest. Wasser:

K_2HPO_4	0,3 g	$(NH_4)_2SO_4$	0,5 g
KH_2PO_4	0,7 g	Gewässerter Agar	15,0 g
$CaCl_2$ (wasserfrei)	0,1 g	Kartoffelstärke	3,0 g
NaCl	0,1 g	(in etwas kaltem Wasser aufgeschwemmt, nach Auflösen des Agars unter Umrühren in den heißen Nährboden geben).	
$MgSO_4 \cdot 7\,H_2O$	0,3 g		
$FeSO_4 \cdot 7\,H_2O$	0,01 g		

2 Tage nach der Impfung wächst der Pilz in den Agar hinein, und nach weiteren 8—14 Tagen können wir durch Abstechen Reinkulturen gewinnen. Da der Pilz seine Aktivität außerhalb der Wirtspflanze verliert, hat es keinen Zweck, die Reinkultur über längere Zeit aufzuheben.

Die Sämlingskulturen werden in diesem Versuch genau wie im vorigen auf wirkstofffreiem Nähragar angesetzt, nur daß wir jetzt ein nicht zu kleines Stück der Agarreinkultur des Pilzes zu den Sämlingen auf den Agar legen. Vergleiche die Entwicklung der verpilzten und nicht verpilzten Kulturen. Wir stellen fest, daß der Wurzelpilz die Keimlingsentwicklung ebenso fördert wie die Wirkstoffextrakte aus dem vorhergehenden Vers. 105b.

Burgeff, H.: Samenkeimung der Orchideen und Entwicklung ihrer Keimpflanzen. Jena 1936.

Versuch 106. Auxo-Autotrophie und Auxo-Heterotrophie für Vitamin B_1 unter verwandten Mikroorganismen. Vier 150 ccm-Erlenmeyer-Kolben setzen wir mit je 25 ccm der Schopferschen Nährlösung aus Vers. 58 (s. auch S. 142) an. In 2 Versuchsgefäße wägen wir dazu 0,4 γ Vitamin B_1 (s. S. 148) ein. Nun impfen wir nach dem Sterilisieren in je einen Kolben mit und ohne Vitaminzusatz einmal *Mucor mucedo* und einmal *Mucor ramannianus*. Nach dreiwöchiger Kultur bei 23° stellen wir fest, daß sich *Mucor mucedo* in beiden Versuchslösungen gleich stark entwickelt hat. Der verwandte *Mucor ramannianus* vermag sich dagegen allein in der Nährlösung mit Vitaminzusatz zu entwickeln. Da aber beide Arten das Vitamin B_1 in gleicher Weise zur Entwicklung benötigen, können wir aus dem Versuchsergebnis schließen, daß *Mucor mucedo* das Vitamin B_1 selbst zu synthetisieren vermag, wozu *Mucor ramannianus* nicht imstande ist.

Die von Schopfer geprägten Ausdrücke „Auxo-Autotrophie" und „Auxo-Heterotrophie" bedeuten, daß bestimmte Organismen die für ihre Entwicklung nötigen Wuchsstoffe selbst aufzubauen vermögen, also in bezug auf diese Wirkstoffe autotroph sind, während andere Organismen die gleichen Stoffe nicht selbst synthetisieren können, für diese also heterotroph sind.

Schopfer, W. H.: Erg. Biol. **16**, 1 (1939).

Versuch 107. Auxo-Heterotrophie durch Syntheseverlust für Vitamin B_1:

a) Synthese von Vitamin B_1 aus Thiazol und Pyrimidin durch Phycomyces blakesleeanus. *Phycomyces blakesleeanus* benötigt zu seiner normalen Entwicklung, wie Vers. 58 zeigt, neben Zuckern und den anorganischen Salzen das Vitamin B_1 als Wuchsstoff. In der chemischen Synthese wird dieser Wirkstoff aus Pyrimidin (= 2-Methyl-4-amino-5-amino-methyl-pyrimidin) und Thiazol (= 4-Methyl-5-oxyäthyl-thiazol) gewonnen.

Pyrimidin

Thiazol

Vitamin B_1

Unser Pilz kann nun, wie der Versuch zeigen soll, weder das Vitamin noch die beiden Ausgangsstoffe selbst bilden, vermag aber dafür aus diesen beiden Stoffen das Vitamin B_1 aufzubauen.

Wir setzen uns fünf 150 ccm-Erlenmeyer-Kolben mit je 20 ccm folgender Nährlösung nach Schopfer an:

3,0 g Glucose puriss.	0,15 g KH_2PO_4
0,1 g Asparagin	in 100 ccm Wasser
0,05 g $MgSO_4 \cdot 7\,H_2O$	

Dazu geben wir in den I. Kolben 1 ccm mit 0,4 γ Vitamin B_1, in den II. 0,2 γ Pyrimidin, in den III. 0,2 γ Thiazol und in den IV. 0,2 γ Pyrimidin + 0,2 γ Thiazol. Der V. Kolben bleibt ohne einen Zusatz zur Kontrolle (beachte S. 148). Nach dem Sterilisieren bei 115° (15 Minuten) impfen wir in die Kolben Sporen von *Phycomyces blakesleeanus* und stellen nach 2—3 Wochen fest, daß sich der Pilz nur in dem I. und IV. Kolben normal zu entwickeln vermag (Abb. 40A). (Vgl. auch Vers. 59, 60.)

Schopfer, W. H.: Erg. Biol. **16**, 1 (1939).

b) Rhodotorula rubra als Pyrimidin-heterotropher Pilz. Wie *Phycomyces blakesleeanus* benötigt auch die rote Hefe (*Rhodotorula rubra*) das

Vitamin B_1 als Wachstumsfaktor, jedoch ist die Auxo-Heterotrophie hier nicht so weit fortgeschritten. Dies zeigt uns folgender Versuch:

Wir setzen uns wieder 5 ERLENMEYER mit den gleichen Nähr- und Zusatzlösungen wie zu Vers. 107a an. Nach der Sterilisation impfen

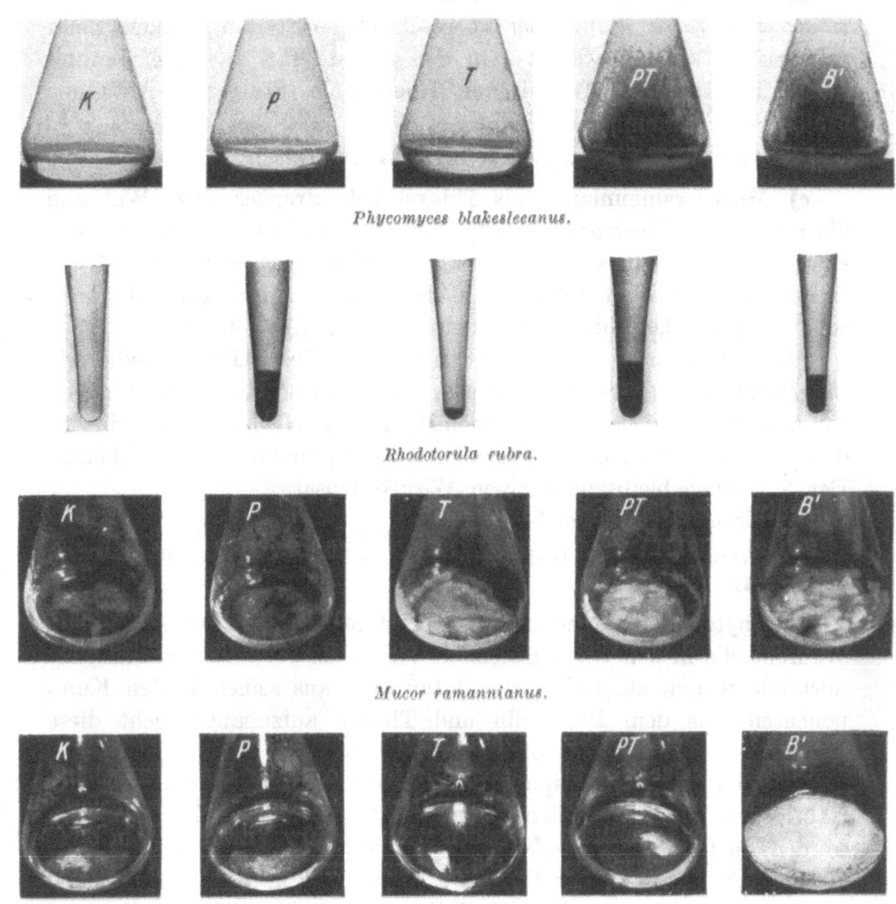

Abb. 40. Wirkung des Vitamin B_1 und seiner Komponenten (Pyrimidin und Thiazol) auf die Entwicklung von auxo-heterotrophen Pilzen. A. *Phycomyces blakesleeanus*. B. *Rhodotorula rubra*. C. *Mucor ramannianus*. D. *Phytophthora cinnamomi*. Zu Versuch 107 a—d. (Aus W. H. SCHOPFER, 1939.)

wir in die Kulturgefäße die *Rhodotorula rubra* (z. B. *Rh. r.* [Demme] Lodder aus Delft). Nach 8—14tägiger Kultur bei 23° stellen wir fest, daß sich die Hefe in den Nährlösungen, die Aneurin oder Pyrimidin enthalten, viel besser entwickelt als in den anderen Lösungen. Die rote Hefe vermag also wie *Phycomyces* aus Pyrimidin und Thiazol das

Vitamin B_1 zu synthetisieren, ist aber auch weiter dazu imstande, das Thiazol selbst aufzubauen, denn sonst könnte sich diese Hefe ja in der Nährlösung, die als Wirkstoff nur das Pyrimidin enthält, nicht genau so gut entwickeln wie in der Vitamin B_1-haltigen (Abb. 40B).

Es eignet sich zu diesem Versuch längst nicht jeder Stamm der *Rhodotorula rubra*. Sollte der vorgeschriebene Stamm Demme nicht zu erhalten sein, verwende man den Stamm H 6 aus dem botanischen Institut der Technischen Hochschule Stuttgart, Abteilung Frau Prof. Niethammer.

SCHOPFER, W. H.: Protoplasma (Berl.) **31**, 105 (1938).

c) Mucor ramannianus als Thiazol-heterotropher Pilz. Während die rote Hefe (*Rhodotorula rubra*) (Vers. 107b) nicht imstande ist, das Pyrimidin selbst zu synthetisieren, ist *Mucor ramannianus* auf die Zufuhr von Thiazol angewiesen, aus dem er mit dem selbst synthetisierten Pyrimidin das Vitamin B_1 aufbauen kann (Abb. 40C).

Als Grundnährlösung verwenden wir für diesen Pilz dieselbe wie für *Phycomyces* (Vers. 107a). Zu je 20 ccm dieser Nährlösung geben wir in den I. Kolben 1,0 γ Vitamin B_1, in den II. 0,5 γ Pyrimidin, in den III. 0,5 γ Thiazol, in den IV. 0,5 γ Pyrimidin + 0,5 γ Thiazol. Der V. Kolben bleibt ohne einen Wirkstoffzusatz.

Kulturdauer: 20 Tage bei 18—20°.

SCHOPFER, W. H.: Erg. Biol. **16**, 1 (1939). — MÜLLER, F. W.: Ber. schweiz. bot. Ges. **51**, 167 (1941).

d) Phytophthora cinnamomi als Vitamin B_1-heterotropher Pilz. Während die in den vorhergehenden Versuchen verwendeten Pilze alle imstande waren, zumindest das Vitamin B_1 aus seinen beiden Komponenten, aus dem Pyrimidin und Thiazol aufzubauen, geht diese Fähigkeit mehreren Phytophthora-Arten ab.

Um dies zu zeigen, pipettieren wir je 20 ccm der SCHOPFERschen Nährlösung in fünf 150 ccm-ERLENMEYER-Kolben, die sterilisiert werden. In das I. Kulturgefäß geben wir nun 1,0 γ Vitamin B_1, in das II. 0,5 γ Pyrimidin, in das III. 0,5 γ Thiazol und in das IV. 0,5 γ Pyrimidin + 0,5 γ Thiazol. Der V. Kolben bleibt ohne Wirkstoffzusatz. Wie nun Abb. 40D zeigt, vermag sich der Pilz ausschließlich in der Nährlösung mit dem vollständig synthetisierten Vitamin zu entwickeln. Ihm geht also nicht nur die Fähigkeit zur Synthese von Pyrimidin und Thiazol ab, sondern er ist auch nicht dazu imstande, aus den beiden Grundstoffen das vollständige Vitamin B_1 aufzubauen. (Kulturdauer 30 Tage bei 23°.)

ROBBINS, W. J.: Bull. Torrey bot. Club **65**, 267 (1938).

Da bei der Abimpfung der Pilze aus einer wirkstoffhaltigen Stammkultur relativ viel Vitamin in die neue

Nährlösung mit übertragen wird, ist es ratsam und im Endergebnis wesentlich demonstrativer, wenn die zu Vers. 106 verwendeten Pilze zunächst für etwa 14 Tage in wirkstofffreier Nährlösung vorkultiviert und danach erst in die oben erwähnten Nährlösungen übertragen werden.

Das gleiche gilt auch für den folgenden Versuch. Die Versuchsanstellung scheint für beide Versuche relativ schwierig zu sein. Dies sollte aber keinen Praktikanten und Praktikumsleiter entmutigen, die beiden Versuche durchzuführen. Werden die Versuchsanleitung und ebenfalls die Vorschriften von S. 146 über das Arbeiten unter sterilen Bedingungen beachtet, dann „funktionieren" diese Versuche genau so sicher wie die einfachsten Keimungsversuche und bringen sehr interessante Ergebnisse, die uns das Verständnis über die Vorgänge in der Symbiose eröffnen können.

Versuch 108. Künstliche Symbiose zwischen Mucor ramannianus und Rhodotorula rubra. Aus den Vers. 107b, c hatten wir erfahren, daß *Rhodotorula rubra* und *Mucor ramannianus* auxo-heterotroph für das Vitamin B_1 sind. Weiter haben uns die Versuche aber gezeigt, daß der *Mucor* das Pyrimidin, die rote Hefe (*Rhodotorula rubra*) das Thiazol selbst zu synthetisieren vermögen, heterotroph jeder also allein für den anderen Baustein zum Vitamin ist. Geben wir nun beide Pilze zusammen in die synthetische Nährlösung nach SCHOPFER (Vers. 107a, S. 102), dann können sie sehr gut nebeneinander gedeihen, da jeder ja die eine Komponente des Aneurins selbst aufbaut, die dann aber auch dem anderen Pilz zugute kommt.

Wir setzen den Versuch folgendermaßen an: In 5 ERLENMEYER-Kolben geben wir je 20 ccm der synthetischen Nährlösung nach SCHOPFER (s. S. 102). Von diesen erhalten 2 Kolben einen Zusatz von 0,4 γ Vitamin B_1. Sodann impfen wir in je eine wirkstoffhaltige und wirkstofffreie Nährlösung getrennt die beiden Pilze *Mucor ramannianus* und *Rhodotorula rubra*, in die letzte, wirkstofffreie aber beide Pilze zusammen.

Nach 4wöchiger Kultur bei 20—23° erkennen wir, wie Abb. 41 zeigt, daß sich beide Pilze für sich allein in den wirkstofffreien Kolben sehr viel schwächer entwickeln als in den vitaminhaltigen Lösungen (s. Vers. 107b, c, Abb. 40B, C). Werden die beiden Pilze aber zusammen in die wirkstofffreie Nährlösung gegeben, dann ist ihre Entwicklung in den ersten 8 Tagen ebenfalls recht schwach, darauf wird ihr Wachstum aber sehr lebhaft, so daß 4 Wochen nach Ansetzen des Versuches die Pilze in diesem Kolben genau so stark herangewachsen sind wie in den beiden vitaminhaltigen Nährlösungen (Abb. 41). Zu dieser Zeit können wir auch erkennen, daß das Mycel vom *Mucor* rötlich gefärbt ist, so vor allem in bestimmten Zonen, die das Mycel bandartig durchziehen. Überhaupt ist die Wuchsform des *Mucor* dadurch, daß die *Rhodotorula* in das Mycel aufgenommen wird, wesentlich verändert. Beide Pilze sind wie zwei Symbionten zu einem flechtenartigen Thallus zusammengetreten, den wir wie einen einheitlichen Organismus in eine

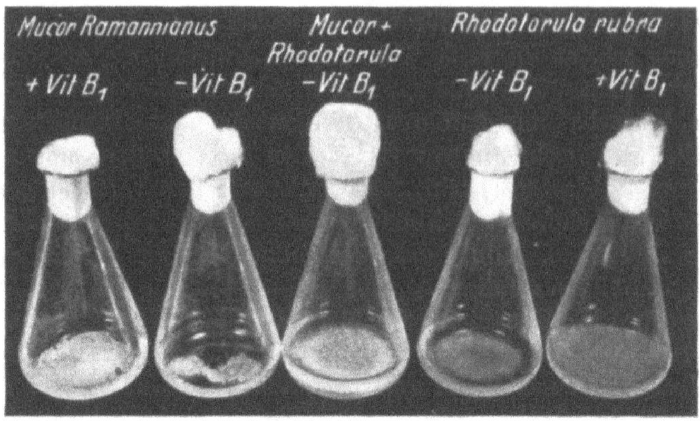

Abb. 41. Künstliche Symbiose zwischen *Mucor ramannianus* und *Rhodotorula rubra*. Von links nach rechts: 1. *Mucor* in vitaminhaltiger Lösung. 2. *Mucor* in vitaminfreier Lösung. 3. *Mucor* + *Rhodotorula* in vitaminfreier Lösung. 4. *Rhodotorula* in vitaminfreier Lösung. 5. *Rhodotorula rubra* in vitaminhaltiger Lösung. Zu Versuch 108. (Orig.)

neue, wirkstofffreie Nährlösung überimpfen und so weiter kultivieren können.

MÜLLER, F. W.: Ber. schweiz. bot. Ges. **51**, 167 (1941). — SCHOPFER, W. H.: Erg. Biol. **16**, 1 (1939). — UTIGER, H.: Neue Untersuchungen über die Bedingungen der künstlichen Symbiose usw. Diss. Bern 1942.

IX. Morphosen.

Als eine Grunderkenntnis der Genetik können wir die Tatsache hinstellen, daß die innere und äußere Gestaltung eines Organismus von den Erbanlagen einerseits und den diese Entwicklungspotenzen realisierenden Umweltsfaktoren andererseits bestimmt wird. Die Wirkstoffe haben wir in den bisherigen Versuchen bereits als einen für die Pflanzenentwicklung maßgeblichen Faktorenkreis behandelt. Es bleibt somit noch übrig, die diese genetischen Potenzen realisierenden Kräfte, also die auf die Entwicklung der Pflanze Einfluß nehmenden Außenfaktoren, kennenzulernen. Unter „Morphose" hätten wir demnach die Gestaltung der Organismen zu verstehen, wie sie sich aus dem Zusammenwirken der genetischen Entwicklungspotenz mit den realisierenden Außenfaktoren ergibt. — Historisch gesehen stellen die hier behandelten Themen die Grundlagen der modernen Entwicklungsphysiologie dar. Wir unterscheiden seit alters her, je nachdem, ob nun Licht, Wasser, chemische Substanzen oder ein Berührungsreiz die Gestaltung der Pflanze beeinflussen, Photo-, Hygro-, Chemo- und Thigmomorphosen.

A. Photomorphosen.

Versuch 109. Etiolement:

a) Etiolement dikotyler Keimlinge. Wir säen in zwei Blumentöpfen Samen der Kapuzinerkresse (*Tropaeolum majus*) oder von *Vicia faba* aus und stellen einen der Töpfe in die Dunkelkammer, den anderen in ein helles Gewächshaus oder besser an das freie Tageslicht. Vergleiche nun nach 2—3 Wochen die Keimlinge beider Serien, miß vor allem die Länge der Internodien und die Größe der Blattflächen aus (vgl. Vers. 111).

b) Etiolement von Gramineenkeimlingen. Haferkörner oder andere Getreidekörner, nicht aber vom Mais, werden in zwei Blumentöpfen einmal im Dunkeln, zum anderen im Tageslicht herangezogen. Vergleiche nun nach 2—3 Wochen die Länge der Internodien und die Größe der Blätter in beiden Versuchsreihen miteinander und dann das Ergebnis dieses Versuches mit dem des vorhergehenden.

Bei dem Vergleich stellen wir fest, daß an den etiolierten, dikotylen Keimlingen die Internodien sehr stark verlängert sind und die Blätter klein bleiben. Bei den etiolierten Graskeimlingen sind im Gegensatz dazu die Internodien relativ kurz und die Blätter lang.

c) Etiolement einer Rosettenpflanze. Wir pflanzen zwei Rosetten einer *Sempervivum*-Art in zwei Blumentöpfe und stellen einen von diesen in eine nicht zu lufttrockene Dunkelkammer, den anderen ans Licht. Nach 2—3 Wochen beobachten wir, daß die in der Rosette gestauchten Internodien sich im Dunkeln zu strecken beginnen, die Pflanze morphologisch also weitgehend einer blühreifen Hauswurz ähnelt. Bei der Lichtpflanze bleiben dagegen die Internodien so lange verkürzt, bis sie die Blühreife erreicht hat.

Beachte auch, daß alle im Gewächshaus aufgewachsenen Lichtpflanzen etiolieren.

Brenner, W.: Flora (Jena) 87, 387 (1900).

d) Etiolement eines Hutpilzes. Ballen von frischem Pferdemist legen wir auf einem Teller unter eine Glasglocke, die wir mit feuchtem Filtrierpapier innen auskleiden. Nach 2 Wochen entwickeln sich auf dem Mist neben anderen Pilzen verschiedene Tintlinge (z. B. *Coprinus lagopus*) und bilden Sporen aus. Diese fangen wir auf einem unter den Fruchtkörper gelegten Stück Glanzpapier auf und säen sie dann in zwei weithalsigen 500 ccm-Erlenmeyer-Kolben auf zwei Ballen sterilisiertem Pferdemist aus. Einen dieser Kolben stellen wir ans diffuse Tageslicht (Temperatur etwa 20°), den anderen dagegen bei gleicher Temperatur ins Dunkle.

Beobachte nun von Zeit zu Zeit bei rotem Licht die Fruchtkörperentwicklung. Es zeigt sich, daß in den verdunkelten Kolben die Fruchtkörper anfangs scheinbar normal angelegt werden. Nach kurzer Zeit bemerken wir jedoch, daß der Gesamtfruchtkörper hier sehr klein, der Stiel im Verhältnis zum rudimentären Hut — verglichen mit denen der Lichtkultur — sehr kurz bleibt. Weiter wird in der Dunkelheit der Hut von zahlreichen Hyphen überzogen. (Abb. 42, vgl. auch Vers. 110b, 129, Abb. 47.)

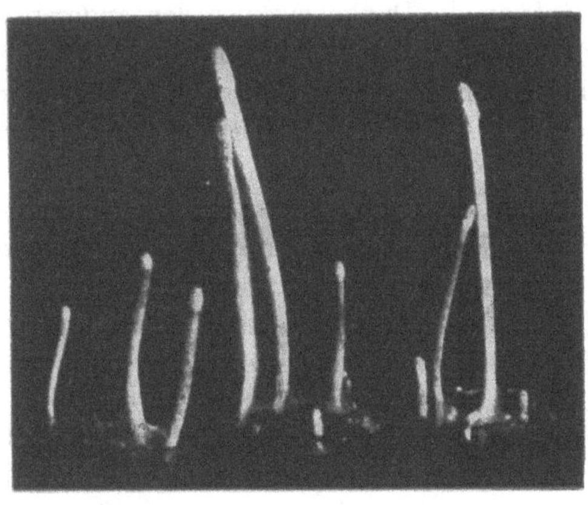

Abb. 42. Etiolierte Fruchtkörper von *Coprinus lagopus*. Zu Versuch 109 d. (Aus H. Borriss, 1934.)

Borriss, H.: Planta (Berl.) **22**, 644 (1934).

Versuch 110. Entwicklung von Pflanzen bei verschiedenfarbigem Licht:

a) Dikotyle Keimlinge. Zu diesem Versuch benötigen wir einige Kressekeimlinge (*Tropaeolum majus*), die wir uns in 3 Blumentöpfen heranziehen, und 3 Senebiersche doppelwandige Glasglocken. Den Mantel der I. dieser Glocken füllen wir mit einer 2 proz. Kaliumbichromat-Lösung, den der II. mit einer Kupferoxyd-Ammoniak-Lösung (5 g $CuSO_4$ in 270 ccm H_2O aufgelöst, dazu 30 ccm konz. NH_4OH) und den der letzten (III.) mit Wasser. In einem hellen Gewächshaus oder viel besser an einem sonnigen Ort im Freien setzen wir die Glocken über die Kressekeimlinge auf je 3 kleine Blöcke, um so einen Gasaustausch zwischen der Außenatmosphäre und der Luft innerhalb der Glocken zu ermöglichen. Durch Abschirmen des so entstandenen Spaltes müssen wir aber unbedingt dafür Sorge tragen, daß kein direktes Licht die Keimlinge treffen kann.

Nach 8—14 Tagen stellen wir fest, daß die im roten Licht aufgewachsenen Pflanzen die gleichen morphologischen Veränderungen zeigen wie die Keimlinge des Vers. 109a, die im Dunkeln kultiviert wurden. Jedoch haben die im roten Licht aufgewachsenen Keimlinge Chlorophyll ausgebildet. Dagegen zeigen die im kurzwelligen, blauen Licht aufgewachsenen Pflanzen die normale Wuchsform wie die im Kontrollgefäß.

b) Hutpilze. Vers. 109d wiederholen wir mit folgender Abänderung: 3 Kolben mit sterilem Pferdemist, der mit Sporen oder Mycel von *Coprinus lagopus* beimpft wurde, stellen wir unter 3 SENEBIERsche doppelwandige Glasglocken. Den Raum zwischen den beiden Wänden einer Glasglocke füllen wir mit einer 2proz. Kaliumbichromat-Lösung, den der anderen Glasglocke mit einer Kupferoxyd-Ammoniak-Lösung (s. Vers. 110a). Den Mantel der dritten füllen wir mit Wasser.

3—4 Wochen nach Versuchsbeginn vergleichen wir die Ausbildung der Fruchtkörper in dem roten und blauen Licht und stellen fest, daß ein Etiolement allein im langwelligen Licht erfolgt.

BORRISS, H.: Planta (Berl.) **22**, 644 (1934).

Versuch 111. Anatomische Untersuchung etiolierter Keimpflanzen. Durch die Blätter etiolierter und am Licht aufgewachsener, dikotyler Keimlinge führen wir Querschnitte. An Hand der mikroskopischen Bilder vergleichen wir den anatomischen Aufbau beider Blätter. Beachte dabei die Ausbildung der Palisadenschicht und des Interzellularvolumens im Mesophyll. Vergleiche auch die relative wie absolute Zahl der Spaltöffnungen beider Blätter.

Am etiolierten Sproß von *Vicia faba* stellen wir weiter fest, daß hier in der Endodermis CASPARYsche Streifen ausgebildet werden, die sich sonst allein in der Wurzel finden.

KÜSTER, E.: Pathologische Pflanzenanatomie (Hypoplasie). Jena 1916.

Versuch 112. Bedeutung der Lichtintensität für die Blattgestalt von Campanula rotundifolia. Samen der rundblättrigen Glockenblume säen wir in 2 Töpfe mit Gartenerde, von denen wir einen ans freie Sonnenlicht, den anderen dagegen an einen sehr schattigen Ort, z. B. mehrere Meter von einem Nordfenster entfernt oder in ein sehr dichtes Gebüsch (Achtung: Schneckenfraß!), stellen. Während nach der Keimung beide Reihen zunächst die runden Primärblätter zeigen, werden in der weiteren Entwicklung am hellen Licht lanzettliche Blätter angelegt, im Schatten dagegen weiterhin nur runde. Bringen wir nun einige Pflanzen aus dem Schatten ans Sonnenlicht, so bilden sich auch hier „Licht"-Blätter aus. Überführen wir andererseits junge Lichtpflanzen in den Schatten, dann entstehen an den neuen Trieben wieder runde Blätter. Diese Versuche zeigen die weitgehende Abhängigkeit der Blattform von der Lichtintensität.

Bei längerer Kulturdauer entstehen auch an den Schattenpflanzen lanzettliche Blätter, nämlich an den Blütentrieben. Doch entwickeln diese Sprosse mit den „Licht"-Blättern stets nur verkümmerte Blütenknospen. Die sterilen Seitentriebe behalten dagegen die alte, runde Blattform. Aus diesem Versuch erkennen wir, daß die Blattgestalt in einer Korrelation zur Anlage der Blütenknospen steht.

GOEBEL, K.: Flora (Jena) **82**, 1 (1896).

Versuch 113. Austreiben ruhender Knospen am Licht. Beachte am Stamm einer älteren Eiche, die am Waldrand stehend einseitig Sonnenlicht empfängt, daß schlafende Augen fast ausschließlich auf der Lichtseite austreiben. Während daher der Schaft auf der Lichtseite durch die vielen Seitenzweige und Ruten buschig aussieht, bleibt er auf der Schattenseite völlig kahl.

Vergleiche zu diesem Abschnitt die Ergebnisse aus Vers. 49, 54c, 134, 135, 136.

B. Hygromorphosen.

Versuch 114. Entstehung von Wurzelhaaren im wasserdampfgesättigten Raum. In eine schmale, etwa 15 cm hohe Glasküvette stellen wir eine mit schwarzem Filtrierpapier belegte Glasplatte und füllen das Glas bis zu einem Drittel mit Wasser. Kurze Zeit in Wasser vorgequollene Samen von *Lepidium sativum* legen wir vordem in zwei Reihen auf das Filtrierpapier der Glasplatte, so daß eine Reihe wenige Millimeter über dem Wasserspiegel, die andere etwa 3—4 cm darüber liegen soll. Dann verschließen wir die Küvette mit einem Glasdeckel und stellen sie unter einen Dunkelsturz. Die Kressesamen keimen in 2—3 Tagen, ihre Keimwurzeln bilden aber allein in der oberen Reihe, also in dem wasserdampfgesättigten Raum, Wurzelhaare. Das Fehlen derselben in der unteren Reihe erklärt sich daraus, daß die Wurzeln sogleich ins Wasser hineinwachsen.

Versuch 115. Land- und Wasserform des Tausendblattes. In einem etwa 1 m tiefen Freilandbecken mit kalkarmem Wasser kultivieren wir das Tausendblatt (*Myriophyllum verticillatum*) und erhalten hier bis zu 100 cm lange, flutende Pflanzen. Die Blätter sind 20 — 45 cm lang und besitzen 24—35 zarte, weiche, sehr schmale Fiederabschnitte. Setzen wir dagegen ein Tausendblatt der gleichen Art in ein Schlammbecken, so erhalten wir eine Landform, die viel kürzer und kräftiger gebaut ist. Die einzelnen Internodien sind hier im Durchschnitt etwa nur $^1/_{10}$ so lang wie bei der Wasserform, auch sind die Blätter kleiner und steifer, die fiederteiligen Blattabschnitte, von denen hier meist nur 8—20 ausgebildet werden, kürzer, aber breiter und dicker. — Der Versuch kann ebenfalls mit *Myriophyllum alterniflorum* oder mit *Hippuris vulgaris* durchgeführt werden.

HEGI, G.: Illustrierte Flora, Bd. V, 2, S. 899.

Versuch 116. Änderung der Blattgestalt bei Kultur der Pflanze im wasserdampfgesättigten Raum. Zwei Stauden von *Festuca ovina* pflanzen wir in 2 Blumentöpfe mit sandiger Heideerde. Den einen Topf halten wir in einem Raum mit niederer relativer Feuchtigkeit möglichst trocken, während wir den zweiten Topf häufiger begießen und ihn in einen wasserdampfgesättigten Raum stellen. Diesen richten wir uns folgendermaßen her: Ein oben und unten offener Glaszylinder wird in der unteren Hälfte mit Fließpapier ausgekleidet und in eine Schale mit Wasser gestellt. Den Blumentopf setzen wir nicht direkt ins Wasser, sondern auf die Oberhälfte einer PETRI-Schale, um so zu vermeiden, daß sich das Gras in stagnierender Nässe entwickeln muß.

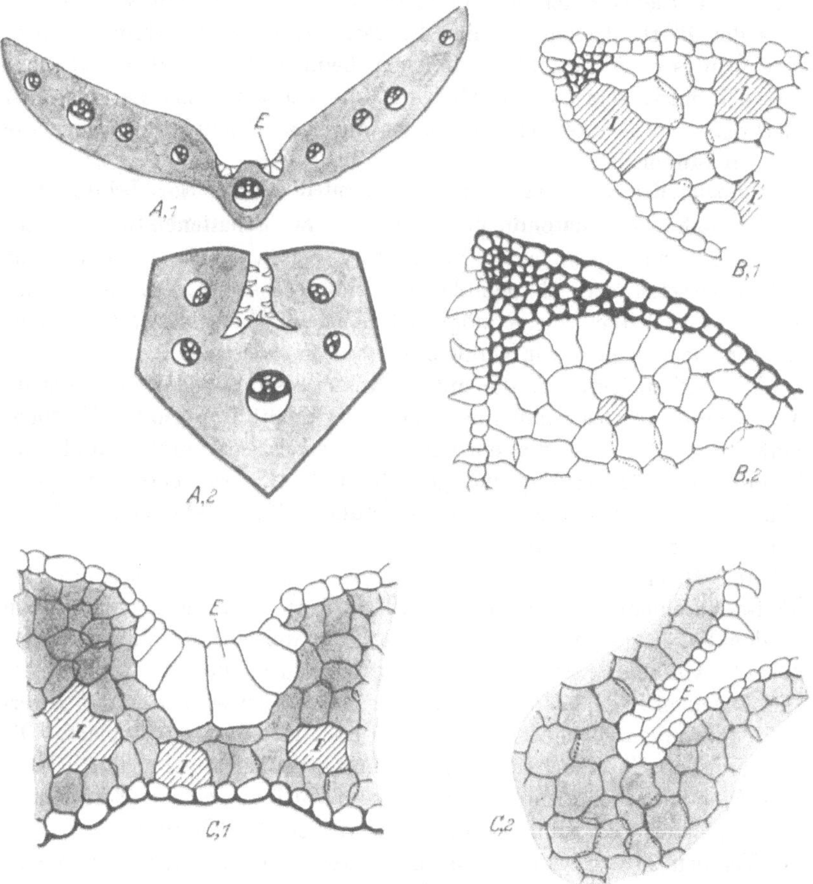

Abb. 43. *Festuca ovina*. 1. Bei Kultur im feuchten Raum. 2. Bei Trockenkultur. Blattquerschnitte. A. Schematisch. B. Blattrand. C. Mittlerer Teil der Blattlamina mit Entfaltungsparenchym (E). *I* Interzellularen. Zu Versuch 116. (Orig.)

Nach 8—14 Tagen vergleichen wir die Form der neu angelegten Blätter (Abb. 43A) und deren mikroskopische Querschnitte. Diese unterscheiden sich, wie Abb. 43B und C zeigen, in ihrem anatomischen Aufbau in wesentlichen Punkten. Beim Rollblatt sind die Membranen der Epidermis der Blattunterseite, die hier ja nach außen gekehrt ist, dickwandig. Unter ihr finden sich, vor allem an den Blatträndern, aber auch sonst reichlich sklerenchymatische Zellkomplexe, und das gesamte Mesenchym enthält hier nur relativ wenige Interzellularen. Das Blatt dagegen, das sich im wasserdampfgesättigten Raum entwickelte, weist eine allseitig zartwandige Epidermis auf, ist interzellularenreich und enthält wesentlich weniger Sklerenchymelemente. Weiter ist dieses Flachblatt dadurch ausgezeichnet, daß sich beiderseits der Blattmittelrippe einige Epidermiszellen zu großlumigen, sog. Entfaltungszellen umbilden, die sich beim Rollblatt aber nur sehr schwach entwickeln (Abb. 43C). Das Rollblatt weist also die typischen Merkmale eines xeromorphen Blattes auf, das Flachblatt dagegen die eines mesomorphen.

Goebel, K.: Einleitung in die experimentelle Morphologie. Leipzig 1908.

Versuch 117. Anatomie des Sonnen- und Schattenblattes. Blätter aus den Gipfeltrieben einer Buche oder Hasel, die dem Sonnenlicht voll ausgesetzt sind (Sonnenblätter), und solche aus dem Innern der Krone, von Seitenzweigen möglichst nahe am Hauptschaft (Schattenblätter) untersuchen wir vergleichsweise anatomisch.

Wir stellen fest, daß die untere Epidermis des Schattenblattes im Vergleich zu der des Sonnenblattes weniger Spaltöffnungen pro Flächeneinheit enthält, daß die einzelnen Epidermiszellen größer und ihre Membranen dünnwandig und gewellt sind. Wie wir bereits mit den Fingern abfühlen können, sind die Sonnenblätter bedeutend kräftiger gebaut. Der Querschnitt zeigt uns dann auch, daß hier die Palisadenzellen 2—3schichtig angelegt sind, während das Schattenblatt nur eine Palisadenschicht besitzt. Dagegen ist das Schwammparenchym in beiden Fällen gleich stark ausgebildet. Ein weiterer, deutlicher Unterschied zwischen beiden Blattarten besteht darin, daß im Sonnenblatt die einzelnen Zellelemente viel dichter angeordnet sind, also das Interzellularvolumen bedeutend geringer ist als im Schattenblatt. Die anatomische Untersuchung des Sonnenblattes zeigt uns schließlich im Vergleich zum Schattenblatt eine dickere Kutikula, eine größere Menge Chloroplasten und zahlreichere und kräftigere Gefäßbündel.

Versuch 118. Verkleinerung des Interzellularvolumens der Blätter durch teilweise Unterbindung der Leitungsbahnen. Zweige aus der inneren Krone einer Buche, Hasel oder auch anderer Holzgewächse kerben wir vor dem Austreiben der Blätter ein- oder auch zweimal an den entgegengesetzten Flanken im Abstande von 3—5 cm mit einem Messer tief ein. Einzelne weitere Zweige werden eingeknickt, so daß sie schlaff herunterhängen. Die Wunden schmieren wir sogleich mit Baumwachs aus und biegen dann die behandelten Zweige mit einer Schiene in die Normallage zurück.

Nach dem Austreiben untersuchen wir vollständig entfaltete Blätter von diesen behandelten und benachbarten, unbehandelten Zweigen vergleichsweise anatomisch. Wir stellen fest, daß der Aufbau der Blätter der geknickten bzw. eingekerbten Zweige weitgehend dem der Sonnenblätter (s. Vers. 117) entspricht.

SCHROEDER, J.: Beitr. Biol. Pflanz. 25, 75 (1937).

Vergleiche zu diesem Abschnitt die Ergebnisse aus Vers. 22 und 23.

C. Chemomorphosen.

Entsprechend der in der Einführung zu dem vorliegenden Kapitel gegebenen Definition können auch Chemikalien, zum Beispiel Nährsalze, die Gestaltung der Pflanze beeinflussen. In diese Chemomorphosen wollen wir jedoch nicht die Entwicklungsbeeinflussung der Pflanze durch Wirkstoffe mit einbeziehen.

Versuch 119. Entstehung von Kümmerformen bei Nährstoffmangel. Den Wurzelstock einer jungen *Taraxacum*-Pflanze spalten wir der Länge nach auf und pflanzen die eine Hälfte in einen Blumentopf mit möglichst nährstoffarmem Sand, z. B. Hohenbockaer Glassand (s. S. 139), die andere in einen Topf mit nährstoffreicher Gartenerde. Beide Kulturgefäße stellen wir ins Freie oder in ein helles Gewächshaus und begießen sie, wenn nötig, mit Regenwasser.

Wie uns Vers. 74 bereits zeigte, regeneriert eine gespaltene *Taraxacum*-Pflanze sehr leicht und bildet zwei vollständige Individuen, die in ihrem Genotypus völlig gleichartig sind. Wenn die Pflanzen in den beiden Kulturgefäßen nach einigen Wochen aber dennoch ein verschiedenes Aussehen zeigen, so kann die Erklärung dafür nur in der Tatsache liegen, daß die eine Pflanze sehr reichlich Nährstoffe aus dem Boden aufnehmen konnte, was der anderen dagegen unmöglich war.

Versuch 120. Morphologische und anatomische Veränderungen bei Marchantia polymorpha, bedingt durch die Zusammensetzung der Nährlösung. In sechs 50 ccm-ERLENMEYER-Kolben legen wir einzelne kleine Thallusstücke von *Marchantia polymorpha* auf 2 Lagen chemisch reines, aber saugfähiges Filterpapier (s. Vers. 72) und feuchten dieses mit folgenden Nährlösungen nach ZINZADZE so an, daß bei Neigen des Kolbens sich am Boden keine Tropfen ansammeln. Die für die verschiedenen Versuchskolben gewählten Nährlösungen haben folgende Zusammensetzung:

	Kolben 1 voll. Konz.	Kolben 2 $^1/_4$ Konz.	Kolben 3 $^1/_8$ Konz.	Kolben 4 2 N	Kolben 5 $^1/_4$ N	Kolben 6 — N
NH_4NO_3 . .	0,396 g	0,099 g	0,0495 g	0,800 g	0,100 g	0,00 g
$Ca_3(PO_4)_2$ . .	0,464	0,116	0,058	0,464	0,464	0,464
$Fe_2(SO_4)_3$ . .	0,417	0,104	0,0521	0,417	0,417	0,417
$MgSO_4$ . . .	0,500	0,125	0,0625	0,500	0,500	0,500
KCl	0,737	0,184	0,0921	0,737	0,737	0,737
$CaSO_4$ . . .	0,500	0,125	0,0625	0,500	0,500	0,500
H_2O	1000	1000	1000	1000	1000	1000

Die Kolben werden sodann abgestopft und an einem Nordfenster aufgestellt. Um möglichst schnell klare Ergebnisse zu erhalten, ist es zweckmäßig, die Regenerate von dem Ausgangsstück baldmöglichst abzutrennen und für sich weiter zu kultivieren. Außerdem sollen die Nährlösungen etwa alle 14 Tage — nach Abdekantieren der Restflüssigkeit — erneuert werden, um in allen Versuchen die gegebene Nährlösung in ihrer vollen Konzentration auf die Regenerate einwirken zu lassen.

An den Regeneraten stellen wir nach etwa 2—3 Monaten fest, daß die neugebildeten Thalluslappen im Kolben 1 (volle Konzentration) breitlappig sind, in den Kolben 2 und 3 (verminderte Gesamtkonzentration) dagegen bandförmig schmal heranwachsen und auch wesentlich dünner ausgebildet werden. Derselbe Effekt des Nährstoffmangels — oft noch deutlicher — macht sich bei der veränderten N-Konzentration (Kolben 4, 5, 6) bemerkbar. Nach dem morphologischen Vergleich untersuchen wir die Thallusregenerate aus den verschiedenen Versuchsserien auch anatomisch, und zwar mit folgender Fragestellung:

1. Zahl der Atemöffnungen pro Flächeneinheit,
2. ⌀ der Atemöffnungen,
3. Ausbildung der Rhizoiden.

Da entsprechende Resultate sich ebenfalls bei höheren Pflanzen gewinnen lassen, sind die Ergebnisse des obigen Versuchs für die Erklärung der xeromorphen Gestalt bei vielen einheimischen Hochmoorgewächsen von besonderer Bedeutung, die sich ganz allgemein unter Nährstoff(N-)mangel entwickeln.

MÄGDEFRAU, K.: Ber. dtsch. bot. Ges. **51**, 106 (1933).

Versuch 121. Erzeugung von Riesenzellen bei Mucoraceen durch Säuren. *Mucor racemosus* u. a. Mucoraceen gewinnen wir aus einer Rohkultur auf Pferdemist. Eine Reinkultur züchten wir auf einem 3proz. Agar mit folgender Nährlösung:

4,0 g Traubenzucker	0,05 g $MgSO_4 \cdot 7\,H_2O$ und
0,7 g $(NH_4)NO_3$	100 ccm H_2O.
0,1 g KH_2PO_4	

Ist die Kultur hier angewachsen, bereiten wir 4 sterile Deckelschalen vor und geben in jede ein Stück Nähragar obiger Zusammensetzung mit dem *Mucor racemosus*. Dazu geben wir in die Schalen 25 ccm der oben genannten Nährlösung und in 3 davon je einen der folgenden Säurezusätze:

0,125 g Zitronensäure   0,150 g Apfelsäure   0,075 g Weinsäure.

Die vierte Schale bleibt also ohne Säurezusatz.

In den sauren Lösungen keimen die Sporen nicht zu dem gewohnten fadenförmigen Mycel aus, vielmehr bilden sich hier große, birnenförmige Blasen, in denen sich der Kern noch mehrmals teilt. Quermembranen werden aber nicht ausgebildet. Eine solche Riesenzelle kann bis zu 0,8 mm lang und 0,5 mm breit werden.

Kulturdauer bei 20°: 5—7 Tage.

RITTER, G. E.: Ber. dtsch. bot. Ges. **35**, 255 (1917); Jb. Bot. **52**, 351 (1913).

Versuch 122. Septierung des Mycels von Mucor racemosus nach Steigerung der Konzentration in der Nährlösung. 10 flache PETRI-Schalen füllen wir zu einem Drittel mit einer 1proz. Peptonlösung. In die einzelnen Schalen geben wir nun so viel Kochsalz, daß wir 1—10proz. NaCl-Lösungen erhalten. Dann impfen wir in die Schalen Sporen von *Mucor racemosus* (s. Vers. 121) und finden, daß mit steigender Konzentration des Kochsalzes eine ständig stärkere Septierung des Mycels eintritt. Da sich die einzelnen Zellen leicht voneinander abtrennen und abrunden, ähnelt das Mycel hier weitgehend knospender Hefe, und wir sprechen von einer „Mucor-Hefe". (Vgl. Vers. 22.)

Kulturdauer bei 20°: 5—7 Tage.

RITTER, G. E.: Jb. Bot. **52**, 351 (1913).

Versuch 123. Einfluß des Äthylengases auf das Längen- und Dickenwachstum von Leguminosenkeimlingen. Unter 2 Glasglocken von etwa 10 l Rauminhalt, die auf 2 mit Vaseline gut abgeschmierten Glasscheiben stehen, stellen wir je ein Kulturgefäß mit jungen, etiolierten Keimlingen von *Pisum sativum, Vicia faba* oder *Lupinus albus.* In die eine Glasglocke leiten wir nun etwas Leuchtgas oder legen unter diese einen alten Gasschlauch. Wir können an Stelle des Leuchtgases auch reifes Obst, z. B. reife Äpfel, verwenden.

Nach 8—14 Tagen bereits stellen wir bei Kultur in einer Dunkelkammer fest, daß das Längenwachstum der in der verunreinigten Luft aufwachsenden Keimlinge gegenüber der Kontrolle stark gehemmt ist und im weiteren Wachstumsverlauf hier auch weniger Internodien angelegt werden. Außerdem schwellen die Sproßteile stärker und kantiger an als die der Kontrollen. Schließlich fehlt den Versuchspflanzen das geotropische Reaktionsvermögen (Abb. 44). Führe beim Abbruch des Versuches durch die Sprosse der Versuchs- und Kontrollpflanzen Quer- und Längsschnitte und vergleiche deren anatomischen Aufbau miteinander. —

Um zu zeigen, daß diese morphologischen Veränderungen nicht durch die während der Atmung gebildete Kohlensäure bewirkt werden, können wir den Versuch auch so aufbauen, daß wir durch die Versuchsglasglocke einen ständigen, schwachen Strom aus einem Gemisch von reiner Luft und Leuchtgas leiten.

Die Analyse dieser Erscheinungen hat gelehrt, daß von den im Leucht- und „Apfelgas“ enthaltenen Stoffen das Äthylen diesen Effekt auslöst. Es genügt von diesem Gas eine Konzentration von 1 : 1000000.

MOLISCH, H.: Sitzgsber. kais. Akad. Wiss., math.-naturwiss. Kl. **120**, 3 (1911). — W. CROCKER, P. W. ZIMMER u. HITCHOCK: Contrib. Boyce Thompson Inst. **4**, 177 (1932).

Versuch 124. Zur Analyse der Äthylenwirkung. Wir wiederholen den Vers. 123 mit dekapitierten Keimlingen von *Vicia faba*. In der einen Serie geben wir auf die Schnittfläche der Keimlinge eine 0,01proz.

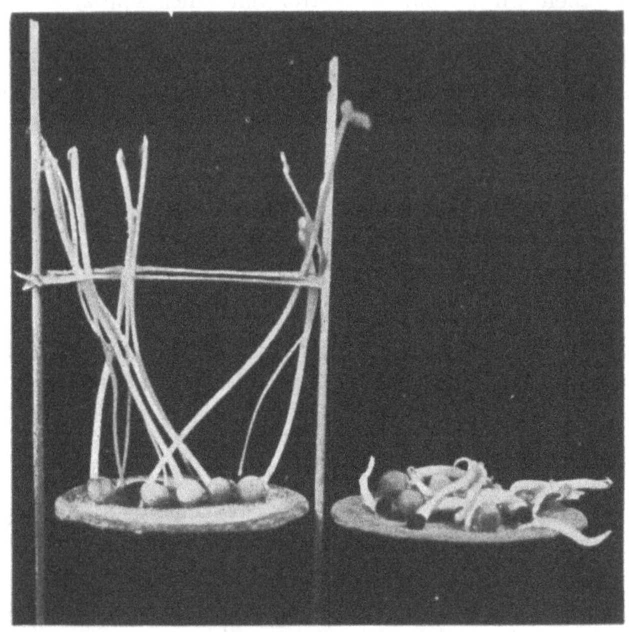

Abb. 44. In äthylenhaltiger Luft aufgezogene, etiolierte Erbsenkeimlinge (rechts) und die in reiner Luft aufgewachsenen Kontrollen (links). Zu Versuch 123. (Aus H. MOLISCH, 1937.)

β-Indolylessigsäurepaste, während wir diese in der anderen durch Wasserpaste ersetzen, die Pflanzen also frei von aktivem Auxin halten. Dann leiten wir in beide Glasstürze Spuren von Äthylen bzw. Leuchtgas ein.

Die Sproßverdickung tritt nur bei den mit Wuchsstoff behandelten Pflanzen auf.

BORGSTRÖM, G.: Kungl. Fysiografiska Sällskapets I Lund, Förhandl. **9**, Nr 12 (1939).

Versuch 125. Einfluß des Äthylens auf das Wurzelwachstum. Einige keimende Samen von *Lupinus albus* oder *Vicia faba* befestigen wir mit Stecknadeln an zwei zurechtgeschnittenen Korken und drücken diese in zwei mit Filtrierpapier ausgekleidete Glasküvetten. In beiden Gefäßen feuchten wir das Filtrierpapier an, legen in das eine ein Stück eines alten Gasschlauches oder leiten Leuchtgas ein. Nun decken wir die Küvetten mit gut schließenden Glasplatten ab, nachdem wir den Küvettenrand mit Vaseline eingeschmiert haben. Nach 4—6 Tagen brechen wir den Versuch ab und vergleichen die Längen und die mittleren Durchmesser der Keimwurzeln sowie die Ausbildung der Seitenwurzeln und das geotropische Verhalten der gesamten Wurzelsysteme in beiden Versuchsserien (Abb. 45).

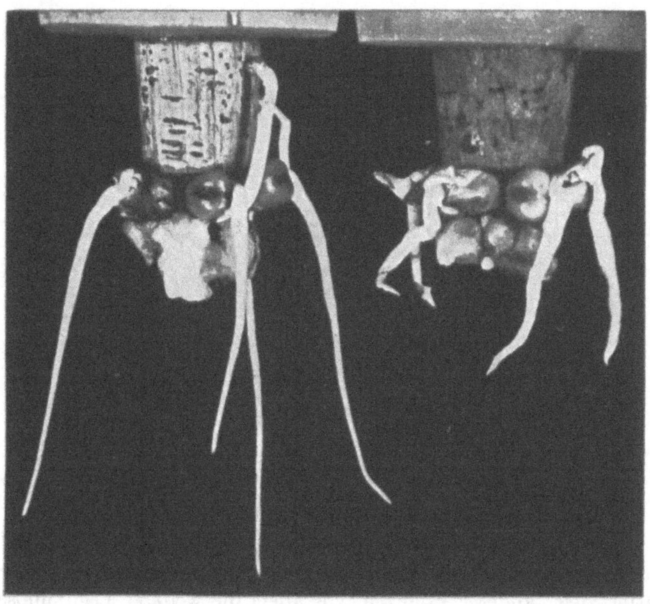

Abb. 45. Entwicklung von *Vicia faba*-Wurzeln in äthylenhaltiger Luft (rechts) und in reiner Luft (links). Zu Versuch 125. (Aus H. Molisch, 1937.)

Versuch 126. Epinastische Bewegungen unter dem Einfluß von Äthylen. Drei gleich stark entwickelte Pflanzen von *Bryophyllum tubiflorum* stellen wir unter drei weite Glasstürze, so daß die Pflanzen die Glaswände nicht berühren. In die I. Glocke leiten wir dann sehr wenig Leuchtgas ein, unter die II. Glocke legen wir mehrere reife Äpfel. Die letzte (III.) Glocke bleibt zur Kontrolle ohne Äthylen. Beobachte nach 4—6 Tagen die epinastischen Bewegungen der Blätter in der Äthylenatmosphäre (Abb. 46). — Da, wie der folgende Versuch zeigt, eine längere Einwirkung des Äthylens das Abwerfen der Blätter bedingt, brechen wir den Versuch ab, sobald die epinastischen Bewegungen deutlich sichtbar werden.

Borgström, G.: Kungl. Fysiografiska Sällskapets I Lund, Förhandl. **9**, Nr 12 (1939).

Versuch 127. Einfluß des Äthylengases auf den Blattabfall bei Mimosen. Zwei kräftige, junge Mimosenpflanzen stellen wir in einem warmen Gewächshaus unter zwei Glasglocken, die auf drei niedrigen Füßen ruhen. Unter eine der Glocken legen wir weiter drei reife Äpfel oder leiten etwas Leuchtgas ein. Nach 4—6 Tagen stellen wir fest, daß die in der Äthylenatmosphäre kultivierten Pflanzen ihre Blätter abwerfen.

Abb. 46. Epinastische Bewegungen der Blätter von *Bryophyllum tubiflorum* in äthylenhaltiger Luft. Von links nach rechts: 1. in Apfelgas, 2. in reiner Luft, 3. in „Laboratoriumsluft". Zu Versuch 126. (Aus G. BORGSTRÖM, 1939.)

Entsprechend, nur meist weniger empfindlich, reagieren auf das Äthylen auch die Blätter vieler anderer Pflanzen, vor allem die weiterer Leguminosen. Dazu stellen wir Zweige mit jungen, frischen Blättern ins Wasser und belassen sie einige Tage unter Glasstürzen, in die wir etwas Leuchtgas eingeleitet haben.

Beachte auch den plötzlichen Laubfall bei Straßenbäumen nach einem Gasrohrbruch.

MOLISCH, O.: Der Einfluß einer Pflanze auf die andere (Allelopathie). Jena 1937.

D. Thigmo- und andere Morphosen.

Versuch 128. Ausbildung von Haftballen beim wilden Wein. Im Frühjahr, bald nach dem Austreiben, binden wir einige Ranken des wilden Weins (*Parthenocissus quinquefolia*) so, daß sie einen festen, rauhen Gegenstand, z. B. die Mauer, berühren. Einige andere Ranken werden dagegen mit einer Drahtschiene so gewendet, daß sie frei in die Luft ragen. Nach einigen Wochen stellen wir fest, daß die die Mauer berührenden Ranken sich durch Spiralwindungen verkürzt und

Haftballen ausgebildet haben, welche den frei in die Luft ragenden fehlen.

Versuch 129. Thigmomorphose etiolierter Basidiomyceten. In den Versuchskolben aus Vers. 109d werden wir häufig normal entwickelte, also nicht etiolierte Fruchtkörper von *Coprinus lagopus* finden (Abb. 47). Bei genauer Beobachtung können wir aber stets feststellen, daß Hut oder Stiel dieser Pilze während ihrer Entwicklung entweder die Wand des ERLENMEYERS oder Partikel des Substrats berührten. Daß diese formative Entwicklungsänderung durch den Berührungsreiz hervorgerufen wird, erkennen wir aus folgendem Versuch:

Eine etiolierte, junge Fruchtkörperanlage von *Coprinus lagopus* wird täglich einige Male (bei rotem Licht!) mit einem Holzstab in der Längsrichtung gerieben. Nach einigen Tagen bemerken wir, daß sich die berührte Anlage bedeutend stärker streckt und dann normale Fruchtkörper ausbildet.

BORRISS, H.: Planta (Berl.) **22**, 644 (1934). — BÜNNING, E.: Ber. dtsch. bot. Ges. **63**, 158 (1951).

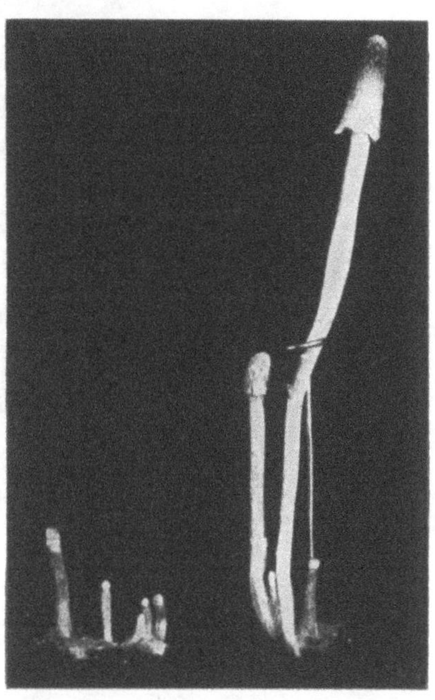

Abb. 47. Im Dunkeln angelegte Fruchtkörper von *Coprinus lagopus*. Links: Typisches Etiolement. Rechts: Die Fruchtkörper haben die Glaswandung während ihrer Entwicklung berührt und zeigen die Thigmomorphose. Die rechts sichtbare Stütze wurde erst nach Beendigung des Versuches angebracht. Zu Versuch 129. (Aus H BORRISS, 1934.)

Versuch 130. Wirkung geringer Agarmengen auf das Wachstum und die Wuchsform von Aspergillus niger. Zu 50 ccm einer ungehopften Bierwürze geben wir in einige 250 ccm-ERLENMEYER-Kolben 0,05 g Agarpulver und sterilisieren die Lösungen. In der Kontrollserie unterbleibt der Agarzusatz. In jeden Kolben impfen wir nun mit einer Platinöse Sporen von einer *Aspergillus*-Kultur und stellen die Kolben, nachdem sie etwas geschüttelt wurden, in einen Kulturraum von etwa 30°.

Beobachte die Mycelentwicklung in beiden Versuchsreihen: Wir stellen fest, daß in den Gefäßen „ohne Agar" das Wachstum des Mycels ringförmig an den Glaswänden beginnt, während es in den agarhaltigen Kolben gleichmäßig über die ganze Flüssigkeitsfläche einsetzt (Abb. 48). Bestimme nach 2—3 Tagen von einigen Parallelversuchen das Frisch- bzw. Trockengewicht des Mycels. Das Wachstum wird durch den Agarzusatz beschleunigt.

Daß die Wirkung des Agars nicht auf extrahierbaren Wirkstoffen beruht, sondern daß es sich hier um mechanische, die Oberflächenspannung beeinflussende Eigenschaften des Agars handelt, konnte A. RIPPEL experimentell nachweisen.

RIPPEL, A.: Arch. Mikrobiol. 7, 210 (1936).

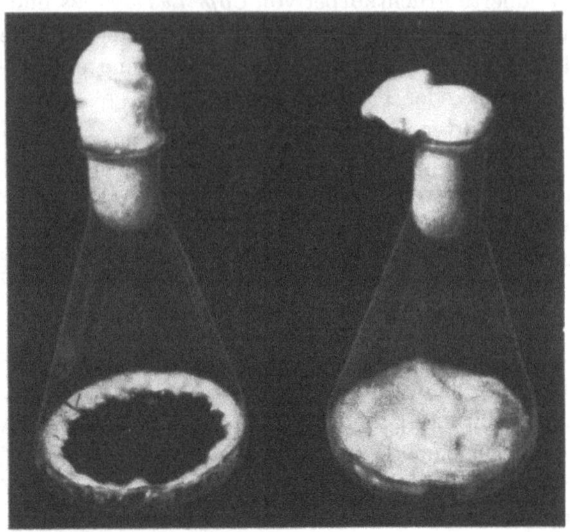

Abb. 48. Wirkung geringer Agar-Mengen (rechter Kolben) auf die Wuchsform von *Aspergillus niger*. (Links die Kontrolle.) Zu Versuch 139. (Aus A. RIPPEL, 1936.)

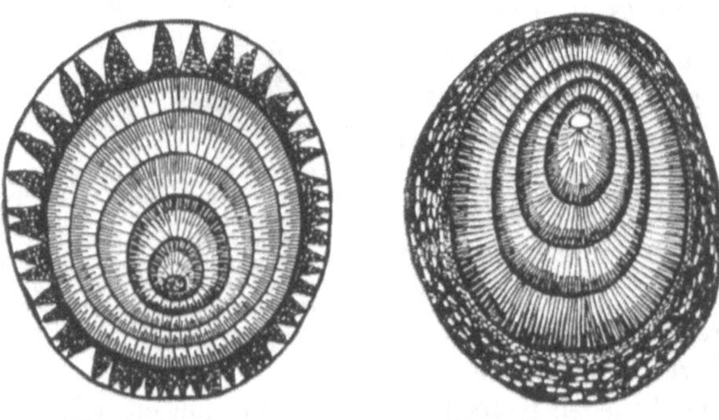

Abb. 49. Querschnitte durch horizontal gewachsene Seitenzweige der Linde und Eibe. Zu Versuch 131. (Orig.)

Versuch 131. Epi- und Hypotrophie der Zweige. Von einem Laub- und einem Nadelbaum, z. B. einer Linde und einer Eibe, schneiden wir je einen 4—5 Jahre alten, horizontal gewachsenen Seitenzweig ab, nachdem wir uns in der Rinde die morphologische Oberseite markierten. Dann fertigen wir Querschnitte durch die Zweige an und machen bei schwacher Vergrößerung von diesen Übersichtszeichnungen. Vor allem ist hier auf die Anordnung der Jahresringe zu achten. Wir sehen dann, daß die Jahresringe der Linde auf der morphologischen Oberseite breiter sind als auf der Unterseite (Epitrophie). Dagegen sind sie bei der Eibe gerade auf der oberen Flanke schwächer ausgebildet als auf der unteren (Hypotrophie) (Abb. 49).

WIESNER, J.: Sitzber. d. k. Akadem. Wien. Mathem. naturw. Kl. **101**. Abt. I, 657 (1892). — Ber. dtsch. bot. Ges. **10**, 605 (1892).

X. Reproduktive Phase der pflanzlichen Entwicklung.

Die Entwicklung der Pflanze von der Keimung bis zum ausgewachsenen und ausdifferenzierten Organismus bezeichnen wir als „vegetative Phase". Ihr schließt sich die „reproduktive Phase" an. Diese ist bei den höheren Pflanzen dadurch gekennzeichnet, daß der Vegetationskegel so umgestaltet wird, daß er nicht mehr, wie bisher, ausschließlich vegetative Blatt- und Sproßorgane hervorbringt, sondern nach Einschaltung der als Übergangsformen zu bezeichnenden Kelch- und Blütenblätter nunmehr Staub- und Fruchtblätter, d.h. also Sexualorgane, anlegt.

Zur Einleitung der reproduktiven Phase der pflanzlichen Entwicklung ist bei den mehrjährigen und winterannuellen Formen zunächst eine Kälteeinwirkung auf die quellenden Samen oder Jungpflanzen erforderlich, die diese Pflanzen an ihrem natürlichen Standort in den gemäßigten und kalten Zonen der Erde während der Winterruhe empfangen. Im Experiment — das auch in der Praxis bereits größere Anwendung gefunden hat — läßt sich die reproduktive Phase bei diesen Pflanzen aber auch zu jeder Zeit durch eine künstliche Kältebehandlung der quellenden Samen und Keimlinge einleiten.

Nach dieser sog. Jarowisation kommen die Mehrjährigen — und entsprechend auch die Einjährigen, die jedoch die Kältebehandlung nicht unbedingt benötigen — aber erst dann zur Blüte, wenn die Keimlinge eine ihrer endonomen Rhythmik entsprechende photoperiodische Induktion erfahren haben, d. h. wenn sie täglich zu bestimmten Zeiten während einer gewissen Dauer belichtet bzw. verdunkelt wurden. Kommt eine Pflanze nur oder wesentlich schneller dann zur Blüte, wenn sie täglich länger belichtet wird, als ihrer genetisch festgelegten „kritischen Tageslichtdauer" entspricht, so zählen wir sie zu den im allgemeinen in den polaren Gebieten beheimateten „Langtagspflanzen". Ihnen gegenüber stehen die „Kurztagspflanzen", bei denen die reproduktive Phase lediglich dann eingeleitet wird, wenn sie pro Tag weniger Lichtstunden erhalten, als die für sie charakteristische „kritische Tageslichtdauer" angibt. Schließlich ist für die Auslösung des Blühvorganges noch der Stoffwechselhaushalt der Pflanze von Bedeutung.

Versuch 132. Notwendigkeit der Kälteeinwirkung auf Keimlinge von winterannuellen Pflanzen zur Einleitung der reproduktiven Phase. In einigen Sandkulturgefäßen nach MITSCHERLICH o. a. säen wir zur Zeit der Herbstbestellung Eckendorfer Wintergerste aus und stellen eine Serie während des Winters im Freien auf, die andere dagegen in ein nicht zu warm und feucht gehaltenes Gewächshaus, in dem die Temperatur während der Versuchszeit aber nie unter +8° C sinken darf. Eine III. Serie setzen wir entsprechend Ende Mai des folgenden Jahres wieder im Freilande an, also zu einer Zeit, da nicht mehr mit einem Absinken der Temperatur auf +5° C zu rechnen ist.

Verfolge nun die Entwicklung der Wintergerste in den drei Serien während der Sommermonate. Wir stellen fest, daß die im Herbst im Freilande vorgenommene Aussaat wesentlich früher und besser zur Blüte kommt als die anderen Aussaaten, die im Gegensatz zur ersten (I.) viel mehr vegetative Organe, d. h. vor allem Blätter, ausbilden. Die I. Serie ist aber die einzige, bei der Kälte auf die Keimlinge einwirken konnten.

MAXIMOV, N. A.: Biol. Zbl. **48**, 513 (1929).

Abb. 50. Eckendorfer Wintergerste. Aussaat am 19. 4. Links: unbehandelt. Rechts: während 25 Tage bei + 2° C jarowisiert. Abbildung stellt die Pflanzen am 65. Tage dar. Zu Versuch 133. (Aus HARDER und v. DENFER, 1937.)

Versuch 133. Einfluß niederer Temperaturen auf den Schoßtermin der Wintergerste (Jarowisation). Unter Jarowisation, Vernalisation (oft auch als Keimstimmung bezeichnet) verstehen wir den Einfluß, den niedere Temperaturen auf gequollenes Saatgut oder junge Keimlinge in bezug auf den Zeitpunkt des Schossens und des Blühbeginns nehmen. Um diesen Effekt zu demonstrieren, setzen wir folgenden Versuch an:

Eckendorfer Wintergerste wird Mitte April bis spätestens Anfang Juli in zwei PETRI-Schalen zur Keimung ausgelegt. Die Keimlinge der einen Serie stellen wir für einen Monat in einen Kälteschrank mit Temperaturen von +2° C, die der anderen in einen Raum bei Zimmertemperatur. Nach Ablauf dieser Zeit pikieren wir die behandelten und nicht jarowisierten Sämlinge ins Freiland, wo wir ihre weitere Entwicklung unter natürlichen Langtagsbedingungen verfolgen. Wir stellen, wie Abb. 50 zeigt, fest, daß die kältebehandelten Pflanzen wesentlich schneller zum Schossen und somit zum Blühen gelangen als die nicht jarowisierten, daß also die Vernalisation die Einleitung der reproduktiven Phase zumindest sehr stark beschleunigt.

HARDER, R., u. D. v. DENFFER: Züchter **9**, 17 (1937).

Versuch 134. Einfluß der Tageslichtdauer auf die Einleitung der reproduktiven Phase (Photoperiodismus):

a) Gerste als Langtagspflanze. Wir säen in einige mit Gartenerde gefüllte Sandkulturgefäße oder größere Blumentöpfe Sommergerste aus. Sobald die Keimlinge die Erde durchbrochen haben, soll die I. Serie sog. Langtagsbedingungen, d. h. pro Tag mindestens 18 Stunden Licht, die II. dagegen Kurztagsbedingungen mit höchstens 9 Stunden Licht je Tag erhalten.

Abb. 51. Langtagspflanze: Gerste. Links: bei 9stündigem Kurztag. Rechts: bei 18stündigem Langtag. Zu Versuch 134a. (Nach MAXIMOV, 1929.)

Wie diese Belichtungsverhältnisse geschaffen werden, hängt von örtlichen Gegebenheiten ab. Entweder stellen wir die Kulturgefäße im Freien auf und überdecken sie nach Beendigung der geforderten Belichtungszeit mit einem dicht schließenden Dunkelsturz oder tragen sie zu dieser Zeit in einen Dunkelraum. Durch entsprechend gewählte Außenanstriche der Dunkelstürze ist dafür Sorge zu tragen, daß die Temperatur unter diesen Stürzen nicht zu stark ansteigt. Einfacher und exakter läßt sich der Versuch jedoch in zwei Dunkelkammern durchführen, in denen elektrische Glühlampen entsprechender Stärke zu den geforderten Zeiten automatisch ein- und ausgeschaltet werden. Wichtig ist es, daß die Keimlinge während der gesamten Versuchsdauer, vor allem aber während der ersten Entwicklung, regelmäßig, also auch sonntags, die geforderten Belichtungsverhältnisse erhalten, da eine einmalige Unregelmäßigkeit das Versuchsergebnis bereits wesentlich stören kann.

Wird der Versuch aber in der angegebenen Weise exakt durchgeführt, so stellen wir fest: Unter den gewählten Kurztagsbedingungen erzeugt die Gerste zwar mehr Blattmasse als unter Langtagsbedingungen, verharrt aber noch in der vegetativen Phase, wenn die Langtagspflanzen bereits Ähren ausbilden (Abb. 51).

b) Chrysanthemen als Kurztagspflanzen. Die Chrysanthemen sind mit Ausnahme einiger frühblühender Sorten ausgesprochene Kurztagspflanzen, wie folgender Versuch zeigt:

Junge Chrysanthemen-Stecklinge werden im Frühjahr zu drei Serien zusammengestellt, von denen Serie I im 18 Stunden-Langtag,

Serie II und III im 9 Stunden-Kurztag kultiviert werden. Serie II (Kurztag) erhält während der Nacht eine halbe bis eine Stunde künstliches Zusatzlicht. Beachte bei dieser Versuchsanstellung peinlich die in Vers. 134a gemachten Vorschriften. Nach mehreren Monaten stellen wir fest, daß die Pflanzen der Serie III (reine Kurztagsbedingungen) wesentlich niedriger bleiben und um Wochen, evtl. Monate, früher zur Blüte kommen als die der Serie I (reine Langtagspflanzen). Schon die kurzfristige Belichtung während der Nachtstunden in der Serie II verzögert den Blühtermin bedeutend.

c) Photoperiodische Induktion. Um zu zeigen, daß es zur Einleitung der reproduktiven Phase nicht erforderlich ist, die Pflanzen während der gesamten Versuchsdauer unter bestimmten Belichtungsverhältnissen zu halten, ausschlaggebend vielmehr die photoperiodische Induktion der Keimlinge ist, führen wir gleichzeitig mit Vers. 134a folgenden Versuch durch: 4 Wochen etwa nach Auflaufen der Keimlinge kultivieren wir einige der bisher unter Langtagsbedingungen stehenden Gerstenkeimlinge nunmehr unter den entgegengesetzten Belichtungsverhältnissen weiter, d. h. es werden die Langtagsbedingungen jetzt durch Kurztagsbedingungen ersetzt. Wir stellen im Vergleich mit den obigen Versuchsergebnissen fest, daß für die Einleitung der reproduktiven Phase vor allem die photoperiodische Induktion während der Keimlingsentwicklung entscheidend ist.

Maximov, N. A.: Biol. Zbl. **48**, 513 (1929).

Versuch 135. Beeinflussung des Habitus und des Blühtermins von Kalanchoe blossfeldiana durch die Tageslichtdauer:

a) Wir bringen — am besten zwischen Januar und April — Samen der bekannten Kalthauspflanze: *Kalanchoe blossfeldiana* in einem Pikierkasten zur Aussaat. Nach dem Auflaufen pikieren wir die Keimlinge in kleine Blumentöpfe und stellen für den Versuch diese zu zwei Serien zusammen. Die Sämlinge der Serie I werden möglichst sogleich nach dem Auflaufen täglich von 7 Uhr 30 Min. bis 16 Uhr 30 Min. mit dem natürlichen Tages- oder — bei nicht ausreichender Helligkeit — mit künstlichem Lampenlicht (200 Watt-Lampen mit Reflektoren) beleuchtet. Während der restlichen 15 Stunden des Tages werden die Pflanzen durch einen lichtdichten Dunkelsturz von dem Licht völlig abgeschlossen. Die Keimlinge dieser Serie kultivieren wir also bei einem 9 Stunden-Kurztag. Dagegen ziehen wir die Sämlinge der Serie II bei einer täglichen Belichtung von 6 Uhr 30 Min. bis 19 Uhr 30 Min. unter Langtagsbedingungen heran.

Bei den im Kurztag (Serie I) gehaltenen Pflanzen können wir die ersten Blütenanlagen bereits 3—4 Monate nach der Aussaat erkennen. Zu diesem Zeitpunkt wachsen die unter Langtagsbedingungen stehenden Keimlinge aber noch rein vegetativ weiter. Viel auffälliger als der Blühtermin wird aber der Habitus der Kalanchoen durch die Tageslichtdauer beeinflußt: Bei den Kurztagspflanzen sind die Blätter klein, straff, stiellos, zu Rosetten dicht gedrängt angeordnet, außerordentlich sukkulent, fast walzenförmig und schräg nach oben weisend. Im Langtag dagegen sind die Blätter groß, löffelförmig gekrümmt, wesentlich schwächer sukkulent, lang gestielt und von den verlängerten Internodien horizontal abstehend (Abb. 52).

b) Die Formbeeinflussung der Kalanchoe-Pflanzen durch die Tageslichtdauer können wir sehr sinnfällig auch folgendermaßen nachweisen: Wir verwenden zu diesem im Sommer anzusetzenden Versuch die

Abb. 52. *Kalanchoe blossfeldiana.* Aussaat 30. 1. Photo: 8. 6. Links: blühend im künstlichen Kurztag. Rechts: nicht blühend im natürlichen Langtag. Zu Versuch 135. (Aus HARDER und v. WITSCH, 1940.)

zu dem vorhergehenden in den ersten Monaten des Jahres unter Langtagsbedingungen herangezogenen Jungpflanzen. Bei einigen von diesen, die bereits etwa 8 Blattpaare ausgebildet haben, verdunkeln wir jeweils mit einem aus lichtdichtem Stoff gefertigten Sack täglich von 16 Uhr 30 Min. bis 7 Uhr 30 Min. ein noch nicht ausgewachsenes Blatt der obersten Wirtel. Während die Gesamtpflanzen also weiter unter Langtagsbedingungen kultiviert werden, erhalten die einzelnen für den Versuch bestimmten und dazu mit einem Faden markierten Blätter Kurztagsbedingungen. Wie nun die durch Wochen und Monate in regelmäßigen Abständen durchgeführten Messungen zeigen, bleibt bei dem verdunkelten Blatt sowie bei den direkt darüberstehenden Blättern (im Vergleich zu den auf den anderen Flanken inserierten) im Laufe ihrer weiteren Entwicklung die Blattfläche kleiner, die Blattdicke wird verstärkt und der Blattstiel verkürzt. Es geht also von dem einen unter Kurztagsbedingungen stehenden Blatt in den Leitbündeln zu den genau darüber inserierten Blättern ein formbeeinflussender Wirkstoffstrom aus, der diesen Blättern die typischen Merkmale der Kurztagspflanzen (s. o.) gibt. Beachte auch die Ausbildung der Blütenstände, die in charakteristischer Weise verlauben.

HARDER, R., u. H. v. WITSCH: Planta (Berl.) **31**, 192 (1940); **31**, 523 (1940) — Jb. Bot. **79**, 354 (1940). — R. HARDER: Naturwiss. **33**, 41 (1946).

Versuch 136. Lichtintensität und Fertilität der Laubmoose. Wir setzen einen Nähragar folgender Zusammensetzung an: auf 100 ccm Wasser 2 g Agar, 2 g Glucose und geringe Spuren von $Ca(NO_3)_2$, KNO_3, KH_2PO_4, $MgSO_4$, $FeCl_3$. Diesen Nähragar gießen wir nach dem Sterilisieren in mehrere 100 ccm-ERLENMEYER-Kolben etwa 1,5 cm hoch aus. In jeden Kolben säen wir nun unter sterilen Bedingungen (die Mooskapseln mit 0,1 proz. Sublimat abreiben!) reife Moossporen und setzen diese dann nach der Keimung (Lichtkeimer!) weitgehend verschiedener Lichtintensität aus.

Abb. 53. Gerstepflanzen in NO_3-haltiger und NO_3-freier Nährlösung. Zu Versuch 138. (Aus N. A. MAXIMOV, 1934.)

Wir stellen den I. Kolben z. B. an ein Südfenster, den II. an ein Nordfenster, den III. in ein nach Norden gelegenes Zimmer, möglichst weit vom Fenster entfernt, den IV. in einen dunklen Flur und den V. in eine Dunkelkammer, so daß er vom Licht völlig abgeschlossen ist.

Beobachte nun die Entwicklung der Protonemen in den einzelnen Kolben. Während sich in den an den Fenstern aufgestellten Kolben nach etwa 2 Monaten kräftige, fertile Moospflanzen entwickeln, bleiben die Moose bei geringerer Lichtintensität auch nach längerer Zeit noch steril.

In dem Agar sind alle notwendigen Nährstoffe für die Moose enthalten. Wenn sie sich trotzdem im Dunkeln nicht bis zu fertilen Pflanzen entwickeln können, so liegt dies allein am mangelnden Licht, das zur Photosynthese bestimmter Wirkstoffe, die die reproduktive Phase der Moose einleiten, erforderlich ist. (Vgl. Vers. 49a, c, 54e.)

Versuch 137. Ausbildung von Zoosporangien bei Vaucherien nach Verdunkelung. Frische *Vaucheria*-Kulturen finden wir häufig an und auf alten, feucht gehaltenen Blumentöpfen bzw. auf den Koksaufschüttungen der Tablette im Gewächshaus. Einen solchen Rasen legen wir auf angefeuchtetem Filterpapier in eine PETRI-Schale und stellen diese in das Laborfenster. Einen anderen Rasen geben wir ebenfalls in eine PETRI-Schale, übergießen ihn hier aber mit Leitungswasser und stellen die Schale dann in eine Dunkelkammer. 2—3 Tage später untersuchen wir beide Rasen unter dem Präpariermikroskop. Bei der Lichtkultur stellen wir keine Zoosporangien fest, die wir aber als dunkelgrüne, keulige Verdickungen an den Fadenenden der Siphonale in der im Dunkeln stehenden Kulturschale in großer Zahl finden.

KLEBS, G.: Die Bedingungen der Fortpflanzung bei einigen Algen und Pilzen, 2. Aufl. Jena: G. Fischer 1928.

Versuch 138. Abhängigkeit des Fruchtansatzes von der N-Gabe. In zwei Sandkulturgefäßen nach MITSCHERLICH (s. S. 139) ziehen wir Gerste oder auch ein anderes Getreide heran. Das eine dieser Gefäße begießen wir mit der Nährlösung „Van der Crone ohne N" (s. S. 141), das andere mit der entsprechenden Normallösung, die aber die doppelte Menge Nitrat, also 2 g KNO_3 auf einen Liter, enthalten soll.

Während der Vegetationsperiode beobachten wir nun, daß das Getreide, das keinen Nitratstickstoff erhielt, nur einzelne schmale Blätter bildet und dann frühzeitig die Ähre schiebt (Abb. 53). Das in Nitratüberschuß aufgewachsene Getreide bildet dagegen zunächst zahlreiche und kräftige, dunkelgrüne Blätter und erst sehr viel später einzelne Ähren aus (Abb. 53).

DENFFER, D. v.: Planta (Berl.) **31**, 418 (1940).

Vergleiche zu den Versuchen aus dem vorliegenden Kapitel auch die Ergebnisse aus Vers. 94, 95, 112.

XI. Physiologie der Resistenz und des Ruhezustandes.

Zum Abschluß der vegetativen Entwicklung sowie zu Beginn des Winters bildet die Pflanze verschiedenartige Dauerorgane aus oder vorhandene Organe zu winterharten um. Diese zeichnen sich gegenüber den vegetativen Organen des Frühlings und des Sommers neben ihrem Reichtum an Reservestoffen physiologisch vor allem durch ihre größere Widerstandsfähigkeit gegen klimatische Faktoren aus. Die Resistenzsteigerung läßt sich allgemein durch eine aktive Entwässerung, hauptsächlich durch die Verminderung des Gehaltes an kolloidchemisch ungebundenem Wasser und eine Fermentinaktivierung mit den damit verbundenen stoffwechselphysiologischen Änderungen erklären (Vers. 139 bis 142). Daraus folgt aber auch die Herabsetzung der Atmungsintensität, wie wir sie z. B. in ruhenden Samen finden (Vers. 144, 145). Diese von der Pflanze aus sich heraus angestrebte physiologische Inaktivität bezeichnen wir als „aktive Ruhe" und stellen ihr die allein durch die Ungunst der äußeren, klimatischen Verhältnisse bedingte „aufgezwungene Untätigkeit" gegenüber.

Zur Überwindung der aktiven Ruheperiode ist neben einer bestimmten Nachreifezeit (Vers. 2, 16a), Eintritt günstiger Vegetationsbedingungen (Vers. 150) und einer erneuten Wasseraufnahme (Vers. 10) oft die Einwirkung von bestimmten Kältegraden erforderlich (Vers. 16a, 146, 147). Um ruhende Organe vorzeitig zum Treiben zu bringen, sind in der Praxis mehrere Verfahren ausgearbeitet worden (Vers. 148, 149), die in ihrer physiologischen Wirkung darin übereinzustimmen scheinen, daß durch eine „fehlgeleitete" Atmung intermediäre Atmungsprodukte entstehen, die entwicklungsanregend wirken.

In diesem Kapitel sind mehrere Versuche behandelt, die man evtl. auch in dem Kapitel „Keimung" sucht. Jedoch mit voller Absicht habe ich die beiden Kapitel voneinander getrennt und an den Anfang bzw. an den Schluß des Praktikums gestellt, um so auch äußerlich auf den sich stets wieder schließenden Kreis in der Entwicklung der Pflanze hinzuweisen.

Versuch 139. Abhängigkeit der Hitzeresistenz vom Quellungsgrad. Je 200 Karyopsen einer Getreideart geben wir in 8 Porzellansiebeimerchen oder Tee-Eier. Die Früchte werden dann in Wasser zum Quellen gebracht, und zwar Serie I 10 Minuten, II 30 Minuten, III 60 Minuten, IV 3 Stunden, V 6 Stunden, VI 12 Stunden, VII 24 Stunden lang. Die Karyopsen der Serie VIII quellen wir zur Kontrolle nicht vor. Die Versuche werden so angesetzt, daß die vorgeschriebenen Quellungszeiten für alle Versuchsreihen gleichzeitig beendet sind. Nun hängen wir die Eimerchen für 10—15 Minuten in ein größeres Gefäß mit Wasser von 80—90° und stellen danach die Keimprozente fest.

Wir finden, daß durch das Warmbad die Keimfähigkeit um so mehr herabgesetzt wird, je länger die Grasfrüchte vorgequollen waren. Daß die angewendeten Temperaturen als solche die Karyopsen nicht oder nur unwesentlich schädigen, zeigt uns ein Versuch, in dem wir 200 ungequollene Samen für 10—15 Minuten in einen auf 80—90° eingestellten Thermostaten legen. (Vgl. Vers. 11.)

Versuch 140. Resistenz feucht und trocken gelagerter Samen gegen hohe Temperaturen. Drei Proben von je 200 Getreidekörnern werden 3 Tage in einem Exsikkator über Schwefelsäure getrocknet, drei weitere Proben während der gleichen Zeit in einem wasserdampfgesättigten Raum gelagert. Nun bringen wir die Karyopsen beider Versuchsreihen in einen auf 80° eingestellten Thermostaten, und zwar je eine Probe für eine halbe Stunde, eine weitere Probe für eine Stunde, die letzte schließlich für 5 Stunden. Bestimme alsdann die Keimzahlen. Wir stellen fest, daß die getrockneten Früchte gegen die hohen Temperaturen wesentlich resistenter sind als die feucht gelagerten.

Versuch 141. Kälteresistenz quellender und lufttrockener Samen. 200 lufttrockene Haferkörner legen wir in je 2 PETRI-Schalen aus, in 2 weitere die gleiche Anzahl 12 Stunden in Leitungswasser vorgequollener Karyopsen. Alle 4 Schalen stellen wir nun für 12 Stunden in eine Eiskiste mit der Temperatur —5 bis —10° (s. S. 151) und lassen anschließend je eine Schale mit gequollenen und ungequollenen Karyopsen sehr langsam (z. B. in Schnee) auftauen, die beiden anderen dagegen möglichst schnell, indem wir sie 1 Stunde lang in einen Thermostaten von 60° stellen.

Bestimme nun die Keimzahlen und den Keimungsverlauf in den 4 Versuchsreihen. Die gequollenen Karyopsen sind gegen die Frosteinwirkung viel empfindlicher als die ungequollenen. Weiter wird die Keimfähigkeit durch das schnelle Auftauen sehr stark herabgesetzt.

Versuch 142. Zellphysiologische Kennzeichnung der kälteresistenten Pflanzen. Im Spätsommer pflanzen wir Efeu (*Hedera helix*), Buchsbaum (*Buxus sempervirens*) und eine *Sempervivum*-Art aus dem Freiland in je 2 Töpfe und stellen den einen in ein temperiertes Gewächshaus, während wir den anderen im Freiland lassen. Nach Einsetzen des Frostes bestimmen wir an den Blättern der Freilandpflanzen und der im Gewächshaus kultivierten den osmotischen Wert. Dieser liegt bei den frostharten Freilandpflanzen höher als bei den im Warmhaus gehaltenen.

Dann plasmolysieren wir die Blattzellen in einer $CaCl_2$-Lösung (Mol.-Gew. $CaCl_2 \cdot 6\,H_2O = 219{,}1$), deren Konzentration $^3/_2$ des gefundenen Og beträgt. Der Plasmolysegrad ist dann bei allen untersuchten Zellen der gleiche, nämlich $^2/_3$. Gleich nach dem Einlegen der Schnitte in das Plasmolytikum beobachten wir den Plasmolyseverlauf und finden, daß sich die Protoplasten bei den frostharten Pflanzen konkav bis krampfartig von den Membranen abheben (Abb. 54), bei den nicht frostharten dagegen nach Art der Kugelplasmolyse (Abb. 55).

Diese Versuche zeigen, daß bei den frostharten (und das Entsprechende gilt auch für hitze- und dürreresistente) Pflanzen nicht nur der osmotische Wert gesteigert ist, sondern auch das Plasma viskoser ist, d. h. weniger kolloid-chemisch ungebundenes Wasser enthält.

KESSLER, W.: Planta (Berl.) **24**, 312 (1935). — KESSLER, W. u. W. RUHLAND: Planta (Berl.) **28**, 159 (1938).

Versuch 143. Erfrieren von Pflanzen oberhalb des Gefrierpunktes. Wir benötigen zu diesem Versuch Topfpflanzen aus einem Warmhaus;

es eignen sich sehr gut *Sanchezia nobilis* und *Sinningia*- wie *Coleus*-Arten. Diese Pflanzen bringen wir für 24 Stunden in einen feuchten Raum mit Temperaturen von 0 bis +5°. Nach der Kältebehandlung verfärben sich die Blätter und welken. Diese Pflanzen sind also bereits bei Temperaturen über 0° erfroren. Beachte aber, daß junge Blätter im allgemeinen resistenter sind als die älteren.

Zum Vergleich beobachte im Winter bei Temperaturen, die mehrere Grade unter dem Nullpunkt liegen, das Verhalten der Blätter vom Efeu, Buchsbaum und Gänseblümchen. Diese werden durch den Frost nicht geschädigt.

Abb. 54. Plasmolyseform frostharter Zellen aus der Rinde von *Catalpa*. Zu Versuch 142. (Aus W. KESSLER u. W. RUHLAND, 1938.)

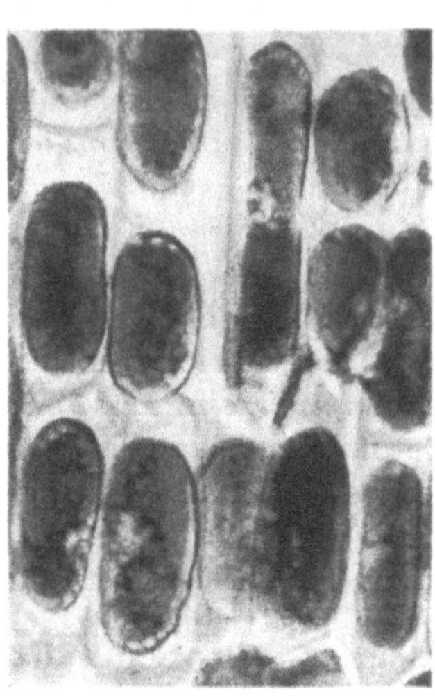

Abb. 55. Plasmolyseform nicht frostharter Zellen aus der Rinde von *Catalpa*. Zu Versuch 142. (Aus W. KESSLER u. W. RUHLAND, 1938.)

MOLISCH, H.: Pflanzenphysiologie als Theorie der Gärtnerei. Jena 1927. — SEIBLE, D.: Beitr. Biol. Pflanze **26**, 289 (1939). — SPANGER, E.: Gartenbauwiss. **16**, 90 (1941).

Versuch 144. Atmungsintensität ruhender und quellender Samen. Zum Nachweis der bei der intramolekularen Atmung ruhender und quellender Samen entstehenden Kohlensäure wenden wir die etwas abgeänderte Versuchsanstellung von PETTENKOFER an, wie sie in der schematischen Zeichnung (Abb. 56) dargestellt ist.

Die Waschflasche für Gase W_1 wird zu einem Drittel mit 20proz. Kalilauge gefüllt, W_2, W_3 und W_4 mit frisch bereitetem Barytwasser (s. S. 151). In das Atmungsgefäß A_1 bringen wir lufttrockene, in A_2 48 Stunden in Wasser vorgequollene Erbsen. Die einzelnen Gefäße werden durch gut passende Gummischläuche miteinander verbunden. Dann schließen wir die Apparatur bei H_1 und H_2 mit 2 Klemmen oder

Glashähnen ab. Am folgenden Tag saugen wir mit einer Wasserstrahlpumpe für einige Minuten langsam Luft durch die Gefäße, nachdem die beiden Hähne H_1 und H_2 geöffnet wurden.

Reguliere den Gasstrom durch Einschalten von Klemmschrauben bei W_3 und W_4 so, daß die Luft durch beide Gefäße gleich schnell hindurchperlt.

Ist nun die Ausscheidung von $BaCO_3$ in W_3 oder W_4 stärker? Ist also die Atmungsintensität der ruhenden oder quellenden Samen höher?

Versuch 145. Sauerstoffbedürfnis ruhender und quellender Samen. In 6 größere Probiergläser zählen wir je 200 Weizenkörner ein, in 6 weitere ebenso viele wenige Stunden vorgequollene, sodann mit Filtrierpapier abgetupfte Karyopsen der gleichen Getreideart. Nun stellen

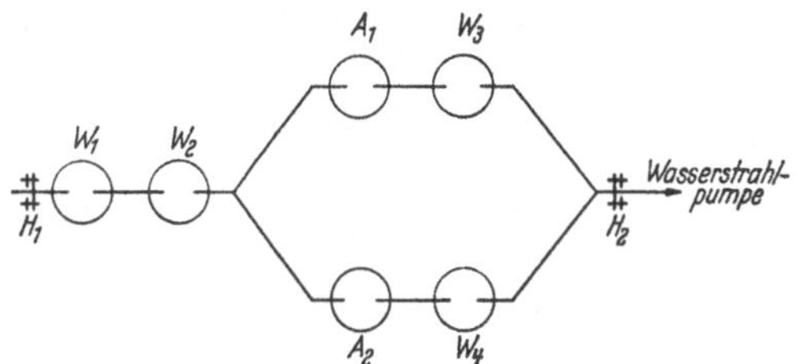

Abb. 56. Zur Versuchsanstellung für Versuch 144. (Orig.)

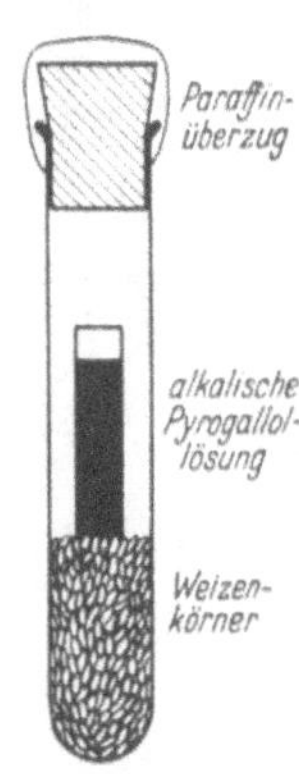

Abb. 57. Zur Versuchsanstellung für Versuch 145. (Orig.)

wir in jedes Probierröhrchen vorsichtig auf die Karyopsen ein kleines Tablettenglas, das zu etwa $^4/_5$ mit einer alkalischen Pyrogallollösung (s. S. 151) angefüllt ist, und verschließen die Reagensgläser luftdicht mit Korkstopfen, die wir mit verflüssigtem Paraffin überziehen (vgl. Abb. 57).

8, 14 Tage und 1, 2, 3 und 4 Monate nach Versuchsbeginn legen wir aus je einem Glas gequollene und lufttrockene Weizenkörner zur Keimung aus. Bestimme in beiden Serien die Keimzahlen und vergleiche den Einfluß der sauerstofffreien Atmosphäre auf die Keimfähigkeit der lufttrockenen und gequollenen Samen. Wir stellen fest, daß die Keimfähigkeit der lufttrockenen Karyopsen erst nach 3—4 Monaten merkbar vermindert wird, während die der gequollenen bereits viel früher auf 0 gesunken ist. (Vgl. auch Vers. 12a und b.) —

Eine bei den vorgequollenen Früchten während der Keimung oft sehr stark auftretende Verpilzung vermeiden bzw. unterdrücken wir durch Aufstellen eines offenen Gefäßes mit Nelkenöl (s. S. 147) neben den Keimschalen, die wir in einen nicht zu großen, abgeschlossenen Raum, z. B. unter eine Glasglocke, bringen.

Versuch 146. Keimungsstimulation ruhender Kartoffelknollen. Diesen Versuch führen wir am besten in der Zeit von August bis Ende

Januar mit völlig ruhenden Kartoffelknollen durch, von denen wir 2 Portionen in passender Menge (1—2 kg) abwiegen. Diese geben wir in 2 völlig luftdicht verschließbare Gefäße, z. B. in 2 größere Glasglocken, deren Rand mit Vaseline beschmiert und dann mit einer Glasplatte abgedeckt wird. Vor dem Verschließen des einen Gefäßes verteilen wir zwischen den Knollen eine größere Anzahl von Filterpapierschnitzeln, die im ganzen pro kg Kartoffel mit 0,1—0,8 ccm folgender kombinierter Stimulationsflüssigkeit (Rindite) getränkt wurden:

Abb. 58. Keimungsstimulation ruhender Kartoffelknollen. Links: Kontrolle. Rechts: behandelt mit „Rindite" 0,5 ccm/kg am 6. 9. 50. Photo: 20. 9. 50. Zu Versuch 146. (Orig.)

7 Teile Äthylenchlorhydrin + 3 Teile Äthylendichlorid + 1 Teil Tetrachlorkohlenstoff.

An Stelle des Äthylendichlorid kann auch Äthylenchlorid verwendet werden.

Den Versuch mit der dazugehörigen Kontrolle stellen wir für 24 Stunden in eine Dunkelkammer bei einer Temperatur von 25° C. Nach der Einwirkung des Stimulationsmittels entnehmen wir die Kartoffelknollen den Gefäßen und legen sie für Versuch und Kontrolle getrennt bei 25—28° C in Pikierkästen zunächst im Dunkeln, später im Licht zur Keimung aus.

Beobachte nun fortlaufend die Entwicklung der Knollen und zähle in gewissen Zeitabständen durch, wie viele Augen austreiben (Abb. 58).

Der Versuch kann in folgender Weise mit oft sehr interessanten Ergebnissen variiert werden:

1. durch Veränderung der Konzentration des Stimulationsmittels.

2. dadurch, daß das Stimulationsmittel nicht im Dunkeln, sondern im Licht auf die Knollen einwirkt.

DENNY, F. E.: Contrib. Boyce Thompson Inst. **14**, 1 (1945). — SCHULZE, W. u. O. FISCHNICH: Über Keimungsförderung und stoffliche Veränderungen in der Kartoffelknolle bei Beginn und im Verlauf der Keimung. Schriftenreihe der Forschungsanstalt für Landwirtschaft Braunschweig-Völkenrode, Heft 3, 1951.

Versuch 147. Notwendigkeit des Kälteeinflusses zur Überwindung des aktiven Ruhezustandes. Zweige der Süßkirsche (*Prunus avium*) stellen wir im Oktober in einem Wassergefäß an einen warmen, hellen Ort. Die Knospen dieser Zweige treiben hier nicht aus, sondern gehen bald zugrunde. Dagegen treiben Zweige, die Mitte Dezember geschnitten werden, also bereits etwas dem Frost ausgesetzt waren, in einem warmen Raum nach 4—5 Wochen Blüten.

Eine alte Volksregel besagt, daß am Barbaratag, also am 4. Dezember, geschnittene Kirschzweige zum Weihnachtsfest blühen.

GROSS, E.: Gartenbauwissenschaft **17**, 295 (1943).

Versuch 148. Frühtreiben von Maiglöckchen. 2—3jährige Wurzelstöcke von *Convallaria majalis* werden im November aus dem Garten ausgegraben und 16 Stunden in Wasser von 31° gebadet. Darauf werden sie möglichst in Torferde — locker mit Moos bedeckt — bei 25—26° weiter getrieben. Einige Kontrollpflanzen kultivieren wir in der gleichen Weise, jedoch ohne die Warmwasserbad-Vorbehandlung.

Beachte nun den Blühbeginn in den beiden Serien und die Ausbildung der Blütenstände.

WEBER, FR., in ABDERHALDEN: Handbuch der biologischen Arbeitsmethoden, Abt. XI, Teil 2, S. 613.

Versuch 149. Frühtreiben von Blüten ruhender Zweige:

a) Warmbadbehandlung. I. In den Monaten Oktober bis Februar legen wir Zweige von *Forsythia*, nachdem wir sie, falls erforderlich, langsam auftauen ließen, in eine nicht zu flache Schale mit Wasser von 30—32° C, die wir in einen Thermostaten gleicher Temperatur stellen. Die Zweige sollen vom Wasser völlig bedeckt sein und in den einzelnen Serien 6—12 Stunden in dem Warmbad verbleiben. Nach der Behandlung stellen wir die Zweige zum Treiben in Wassergefäßen an einen warmen, auf keinen Fall lufttrockenen Ort, am besten in ein Warmhaus.

Bestimme nun in den monatlich zu wiederholenden Versuchen, eine wievielstündige Warmbadbehandlung in den einzelnen Monaten erforderlich ist, um die Blütenknospen zum Treiben zu bringen.

II. Um zu zeigen, daß das Warmbad nur streng lokal auf die behandelten Knospen des Flieders einwirkt, setzen wir folgenden, sehr demonstrativen Versuch an: Ein Zweigsystem eines eingetopften Fliederbäumchens wird so in das Warmbad gebogen, daß nur die eine Flanke des Sprosses für 12 Stunden in das warme Wasser eintaucht, die andere dagegen in die freie Luft ragt. Wir stellen dann nach mehrwöchiger Kultur in einem Warmhaus fest, daß die gebadeten Knospen wesentlich früher zum Treiben kommen als die unbehandelten (Abb. 59).

MOLISCH, H.: Das Warmbad als Mittel zum Treiben der Pflanzen. Jena 1909. — WEBER, FR., in ABDERHALDEN: Handbuch der biol. Arbeitsmethoden, Abt. XI, Teil 2, S. 591.

b) Äther- und Chloroformmethode. Während der Monate November bis Januar stellen wir frisch geschnittene Zweige von *Forsythia suspensa* in ein kleines, mit Wasser gefülltes Glas. Dieses wird mit den Zweigen in ein großes, gut verschließbares Gefäß, z. B. eine große Pulverflasche mit eingefettetem Glasstopfen, versenkt oder unter eine Glasglocke gesetzt. Pro Liter des abgeschlossenen Raumes geben wir 0,30—0,40 g (d. h. etwa 0,5 ccm) Äther oder 0,09 g (= 0,06 ccm) Chloroform und schließen den Raum dann sofort luftdicht ab. Nach 24stündigem Aufenthalt in der Äther- bzw. Chloroform-Atmosphäre bei Zimmertemperatur werden die Zweige aus den Gefäßen herausgenommen, mit warmem Wasser abgesprüht und in einem Warmhaus weiter kultiviert.

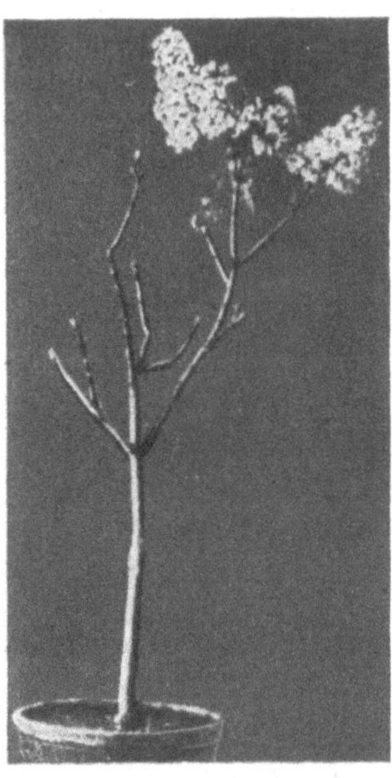

Abb. 59. *Syringa*-Bäumchen. Die rechte Hälfte wurde warm gebadet, die linke nicht. Aufnahme 40 Tage nach der Behandlung. Zu Vers. 149 b. (Aus MOLISCH, 1930.)

Einen Kontrollversuch setzen wir in entsprechender Weise, jedoch ohne die Äther- bzw. Chloroformbehandlung, an und stellen fest, daß nach der Narkotisierung die Blüten wesentlich schneller zur Entwicklung kommen.

JOHANNSEN, W.: Das Aether-Verfahren beim Frühtreiben. Jena 1906. — WEBER, FR., in ABDERHALDEN: Handbuch der biol. Arbeitsmethoden, Abt. XI, Teil 2, S. 591.

c) Räucherverfahren. Wie in dem vorhergehenden Versuch werden *Forsythia*-Zweige mit Blütenknospen während der winterlichen Ruheperiode in einen passenden, gut verschließbaren Raum, z. B. unter eine größere Glasglocke oder ein auf angefeuchtetem Sand gestelltes, umgekehrtes Aquarium, gebracht. In diesem Raum lassen wir 10 g Sägespäne oder eine Zigarette langsam verglimmen. Haben die Zweige in dieser Räucherkammer 24—48 Stunden gestanden, bringen wir sie in einem Warmhaus zum Treiben.

WEBER, FR., in ABDERHALDEN: Handbuch der biol. Arbeitsmethoden, Abt. XI, Teil 2, S. 591.

Versuch 150. Aufgezwungene Untätigkeit:

a) Künstliche Verlängerung der Ruheperiode durch Mangel an Wärme. Maiglöckchenstöcke verpflanzen wir vor ihrem Austreiben im Frühjahr aus dem Garten in einen Kühlraum mit Temperaturen nahe dem Nullpunkt. Andere Pflanzen bringen wir gleichzeitig in ein Warmhaus, wo sie bald zur Blüte kommen. Dagegen treiben die Pflanzen aus dem Kühlhaus, solange sie bei den niederen Temperaturen gehalten werden, nicht aus.

b) Künstliche Verlängerung der Ruheperiode durch Fehlen des Lichtes. Ein Buchenzweig (*Fagus silvatica*) wird mit einem Sack aus Wachstuch oder einem anderen wasser- und lichtdichten Gewebe anderthalb Monate vor dem Austreiben der Knospen (etwa Ende Februar) völlig lichtdicht abgeschlossen (Abb. 60). Die so verdunkelten Knospen treiben im Mai nicht mit den anderen aus, sondern die Entfaltung der Blätter setzt erst etwa 3 Wochen nach Fortnahme der Hülle am Licht ein (Abb. 60. Vgl. auch Vers. 49).

Abb. 60. Verhinderung des Austreibens der Blattknospen einer Rotbuche durch Verdunkelung. Links: Tüte aus licht- und wasserdichtem Stoff über einen Zweig vor dem Austreiben der Knospen gezogen. Rechts: Tüte nach dem Austreiben der Knospen an den anderen Zweigen fortgenommen. Zu Versuch 150 b. (Orig.)

Jost, L.: Ber. dtsch. bot. Ges. **12**, 188 (1894).

XII. Anhang mit praktischen Hinweisen.

1. Allgemeine Arbeitsregeln für das physiologische Arbeiten.

1. Man mache es sich beim physiologischen Arbeiten von Anfang an zum Gesetz, stets einen Kontrollversuch und diesen gleichzeitig und unter den gleichen Bedingungen mit dem Hauptversuch anzusetzen. In der Durchführung sollen sich beide Serien nur in einem einzigen Punkt unterscheiden, nämlich in dem, der gerade untersucht werden soll. Die Funktionen laufen in den Organismen nicht zu jeder Zeit mit der gleichen Präzision ab wie in einem physikalischen Apparat. Oft haben auch Prozesse, die wir bisher noch nicht näher analysieren können, auf das vitale Geschehen einen Einfluß.

2. Die hier zusammengestellten Versuche sind so ausgewählt, daß sie sich bei Einhalten der gegebenen Versuchsbedingungen ohne weiteres

reproduzieren lassen. Trotzdem können wir nur dann klare und überzeugende Ergebnisse erwarten, wenn wir jeden Versuch mit mehreren Wiederholungen ansetzen. Die in den einzelnen Versuchsbeschreibungen angegebenen Zahlen stellen Mindestwerte für die Größe der Versuchsreihen dar. Sie konnten bei den hier vorliegenden, bereits oftmals durchprobierten Experimenten relativ klein gehalten werden, genügen aber für neue wissenschaftliche Untersuchungen keinesfalls.

Nach Ermittlung des Durchschnittswertes, d. h. des arithmetischen Mittels, für ein Versuchsergebnis stelle man auch stets den mittleren Fehler fest, der nach folgender Formel berechnet wird:

„wahrer" mittlerer Fehler:

$$F_a = \sqrt{\frac{\Sigma (f)^2}{n\,(n-1)}}$$

„wahrscheinlicher" mittlerer Fehler:

$$F_b = \frac{2}{3}\sqrt{\frac{\Sigma (f)^2}{n\,(n-1)}}$$

Hier bedeuten f die Abweichung der Einzelwerte vom Durchschnittswert und n die Anzahl der Versuche, die zur Ermittlung des Durchschnittswertes verwertet wurden. Wir können den Formeln entnehmen, daß der mittlere Fehler um so kleiner und damit das Ergebnis um so genauer wird, je mehr Einzelmessungen durchgeführt wurden.

Ist bei einer Versuchsserie in der Durchführung eines Versuches ein Fehler unterlaufen, der das Ergebnis beeinflussen kann, so ist dieses natürlich zur Ermittlung des Durchschnittswertes der Serie nicht zu verwerten. Weicht andererseits ein Einzelergebnis sehr stark von den anderen Versuchen der gleichen Versuchsreihe ab, wie z. B. bei dem unten dargestellten Protokoll in Vers. Nr. 3 der Serie „Dekapitierte Keimwurzeln", so sind wir auf Grund statistischer Berechnungen evtl. auch dann dazu berechtigt, das Ergebnis dieses Einzelversuches zu anullieren, wenn wir keinen, das Ergebnis beeinflussenden Fehler in der Versuchsanstellung o. ä. nachweisen können. Aber man hüte sich, von einer derartigen Berechtigung einen allzu willfährigen Gebrauch zu machen, da es sonst leicht möglich ist, jedes gewünschte Ergebnis aus einer Zahlenreihe abzuleiten. Wenn irgend angängig, ersetze man einen Fehlversuch durch einen bis mehrere Neuversuche.

Der Unterschied zwischen zwei Versuchsserien wird dann als „statistisch gesichert" angesprochen, wenn er größer ist als der dreifache mittlere Fehler.

Gehen wir zum besseren Verständnis des Gesagten von einem praktischen Beispiel aus: Messungen, die entsprechend unserem Vers. 25 durchgeführt wurden, ergaben für:

Dekapitierte Wurzeln				Intakte Wurzeln			
Wurzel Nr.	Länge nach 24 Stunden in mm	f	f^2	Wurzel Nr.	Länge nach 24 Stunden in mm	f	f^2
1	29	− 5	25	1	24	+3	9
2	37	+ 3	9	2	22	+1	1
3	23	−11	121	3	25	+4	16
4	37	+ 3	9	4	13	−8	64
5	36	+ 2	4	5	20	−1	1
6	35	+ 1	1	6	21	0	0
7	37	+ 3	9	7	26	+5	25
8	30	− 4	16	8	13	−8	64
9	37	+ 3	9	9	24	+3	9
10	39	+ 5	25	10	22	+1	1
Summe 340				Summe 210			
Arithm. Mittel = 34,0		$\Sigma(f) = 0$	$\Sigma(f^2) = 228$	Arithm. Mittel = 21,0		$\Sigma(f) = 0$	$\Sigma(f^2) = 190$

Aus den 10 Einzelmessungen bilden wir zunächst das arithmetische Mittel, errechnen dann die Abweichungen der Einzelmessungen von dem Durchschnittswert, also f, und addieren deren Quadrate. Diese Werte in die Formel für den wahren mittleren Fehler eingesetzt, ergibt:

$$F_a = \pm \sqrt{\frac{228}{10 \cdot 9}} = \pm 1{,}59 \qquad F_a = \pm \sqrt{\frac{190}{10 \cdot 9}} = \pm 1{,}45$$

Das Resultat für die 1. Versuchsreihe lautet also 34,0 ± 1,59,
Das Resultat für die 2. Versuchsreihe lautet also 21,0 ± 1,45.

Wir können nun mit einer bestimmten, uns ausreichenden Gewißheit aussagen, daß die Wurzellänge in der ersten Versuchsreihe zwischen 32,41 mm und 35,59 mm beträgt, die der zweiten aber zwischen 19,55 mm und 22,45 mm liegt. Die Differenz zwischen beiden Versuchsergebnissen (= 13,0) ist aber wesentlich größer als die 3-fachen mittleren Fehler (= 4,77 bzw. 4,35). Damit sind die Unterschiede in beiden Meßreihen statistisch gesichert und die Folgerung aus dem Versuch, daß die Wurzeln nach der Dekapitation stärker wachsen als die intakten, berechtigt.

Während diese einfache Methode der Ermittlung des mittleren Fehlers beim physiologischen Arbeiten meistens angewendet wird, ziehen die Genetiker heute vor allem die sog. X^2-Methode heran, die bei F. G. Brieger im „Handbuch der biologischen Arbeitsmethoden", Abt. IX, Teil 3, 2. Hälfte, S. 1225, und im „Handbuch der Pflanzenzüchtung" von Roemer-Rudorf, Bd. I, S. 370, nachgelesen werden kann. Siehe auch S. Koller: Graphische Tafeln zur Beurteilung statistischer Zahlen. Leipzig 1943.

3. Beim entwicklungsphysiologischen Arbeiten wird man beobachten, daß einzelne Versuche sich nicht immer reproduzieren lassen. Das braucht nicht zu bedeuten, daß der Versuch „nicht geht". Sehr oft liegt die Erklärung darin, daß sich das Versuchsmaterial selbst bei günstigen äußeren Bedingungen in einem physiologisch ungeeigneten Entwicklungszustand befindet, den man vorher nicht allgemein be-

stimmen kann. Läßt sich daher ein Versuch mit einem bestimmten Objekt zur Zeit nicht durchführen, verwende man eine andere in der Versuchsbeschreibung genannte Pflanze.

4. Man übe sich rechtzeitig, ein sauberes, sorgfältiges und übersichtliches Protokoll über Ansetzen, Durchführung und Ergebnisse der Versuche zu führen. Nie verlasse man sich auf ein sonst noch so gutes Gedächtnis. Ein Protokoll soll alles enthalten, was für das Versuchsergebnis von Bedeutung sein könnte, also auch zunächst unwesentlich erscheinende Nebenbeobachtungen u. a. Die Protokolle werden sachgemäß geordnet und aufgehoben. Sie sind für den Wissenschaftler von größtem Wert, denn nur so ist es möglich, gelegentlich erhaltene, experimentelle Ergebnisse auch noch nach Jahren weiter zu verwerten.

Über die Anlage eines Protokolls im einzelnen lassen sich keine allgemeinen Regeln aufstellen, da dies von Versuch zu Versuch und für jeden Experimentator verschieden sein wird. Jeder soll jedoch mit nur einem Blick in sein Protokollbuch wissen, welcher Versuch auf dem Papier dargestellt ist, und die Zahlenergebnisse für den Versuch schnell mit Sicherheit herausfinden.

5. Halte deine Apparate, Instrumente und Glassachen stets sauber, deinen Arbeitsplatz ordentlich. Glaskolben und Vorratsflaschen werden mit Schildchen über die Art des Inhaltes und Datum der Herstellung versehen.

6. Beim Abwägen von Chemikalien u. a. bringen wir die Substanzen nie direkt auf die Waagschale, sondern legen auf die Schalen zunächst austarierte Blätter von glattem Papier. Sehr gut eignet sich oft ein nicht zu kleiner Kalenderzettel, der zudem noch sehr leicht ist, also empfindliche Waagen nicht unnötig belastet. Die Gewichte werden nie mit den Fingern angefaßt, sondern ausschließlich mit einer Pinzette. Auch dürfen sie natürlich niemals auf eine unsaubere Unterlage, z. B. auf den Labortisch, gestellt oder gar mit irgendwelchen Chemikalien in Berührung gebracht werden. Auch unterlasse man es, die Gewichte mit „Ata“ oder anderen Putzmitteln zu polieren. Ein Gewichtssatz soll mit einem weichen Haarpinsel entstaubt, höchstens mit einem weichen Lappen gelegentlich einmal abgewischt werden. Es ist auch auf keinen Fall zu gestatten, Gewichte aus verschiedenen Sätzen gegeneinander auszuwechseln. — Über das Abwägen kleinster Gewichtsmengen beachte S. 148.

7. Aus den Vorratsflaschen entnehmen wir die Chemikalien stets mit einem sauberen Hornlöffel oder Spatel, der nach dem Gebrauch mit einem sauberen Tuch abgewischt wird. Gerade die Versuche mit den verschiedenen Wirkstoffen zeigen uns ja, daß ganz geringe Substanzmengen auf die Entwicklung der Pflanze einen großen Einfluß

haben können. Für die Abwägung zuviel aus der Vorratsflasche entnommene Substanz wird nicht in die Flasche zurückgegeben, sondern verworfen.

8. Halte dir stets einen reichlichen Vorrat an sauberen Glassachen in der Nähe deines Arbeitsplatzes, damit du sie jeden Augenblick benutzen kannst und nicht gezwungen bist, in der Eile ein ungeeignetes Gefäß zu verwenden.

9. Nach dem Gebrauch verschließen wir die Chemikalienflaschen sogleich mit den richtigen Stopfen. Waren diese in den Flaschenhals einparaffiniert, so schmelzen wir das Paraffin mit einer kleinen Flamme und schließen die Flasche so gegen die Luftfeuchtigkeit wieder ab.

10. Laß dir die Ergebnisse aus den Versuchen über die „Einwirkung des Äthylens auf die Entwicklung der Pflanze" (Vers. 123—127) eine Warnung sein, nie physiologische Versuche in einem Raum anzusetzen, in dem Gasflammen brennen. Ebenfalls darf in einem physiologischen Raum nicht geraucht oder mit Chemikalien von hohem Dampfdruck gearbeitet werden.

11. Über längere Zeit laufende Versuche werden mit einem Schild versehen, auf dem Versuchsdauer und -art sowie der Name des Experimentators vermerkt sind. Dieser hat sich natürlich von Zeit zu Zeit um seinen Versuch selbst zu kümmern, doch soll er sich von anderen auf offensichtliche Fehler und entstandene Schäden aufmerksam machen lassen. Dabei ist es aber eine einfache Selbstverständlichkeit, daß Versuche nicht durch fremde Hand gestört werden.

12. Nähr- und andere physiologische Lösungen werden niemals mit dem aus Cu-Kesseln destillierten Wasser, wie man es ganz allgemein in Drogerien usw. erhält, angesetzt. Die in diesem Wasser enthaltenen Cu-Spuren schädigen nämlich die Organismen sehr stark. Steht uns kein aus Jenaer Hartglas destilliertes Wasser zur Verfügung, so begnügen wir uns mit Leitungswasser, das für viele Versuche eher besser ist als das destillierte.

2. Kultur von höheren Pflanzen.

Die höheren, autotrophen Pflanzen werden für ernährungs- und entwicklungsphysiologische Untersuchungen in den bekannten Wasser- und Sandkulturgefäßen mit bestimmten Nährlösungen herangezogen.

Für die **Sandkulturen** verwenden wir die sog. MITSCHERLICH-Gefäße, die mit absolut reinem Glassand, z. B. Hohenbockaer Glassand (Analyse: 99,920% SiO_2; 0,014% Fe_2O_3; 0,020% TiO_2; 0,042% Al_2O_3; CaO und MgO in Spuren; Korngröße 0,3 mm; Wasserkapazität 28—30%. Zu beziehen durch: H. Weichelt & Co., Vereinigte Hohenbockaer Glassandgruben, Dresden), vermischt mit einem 5—6proz. Zusatz von ausgekochtem Torfmull, beschickt werden. Der Sand wird mit einer bestimmten Menge (optimal etwa 40—70% der vollen Wasserkapazität) der Nährlösung gut durchgemischt und in die Gefäße gegeben. Eventuell zu reichlich vorhandenes Wasser fließt in die unter die Kulturgefäße gestellten Wannen ab. Wichtig für das Gedeihen der Pflanzen ist, daß der Sand genügend durchlüftet wird. Zu diesem Zweck setzen wir in jedes MITSCHERLICH-Gefäß ein U-förmig gebogenes Glas- oder Cellonrohr (innerer Durchmesser 10 mm) mit zwei verschieden langen Schenkeln. Das Querstück wird an 4—5 Stellen beidseitig angebohrt. Diese Rohre setzen wir so in die Kulturgefäße ein, daß der kürzere Schenkel 2 cm aus dem Sand herausragt, der längere dagegen 10 cm.

In neuerer Zeit werden die Kulturgefäße von Dr. VOLK von der Firma P. Söndgen, Adendorf, Bez. Köln, an Stelle der MITSCHERLICH-Gefäße empfohlen. Sie sind aus grauem, hartgebranntem Steinzeug hergestellt, besitzen eine eingebaute Durchlüftungsanlage und sind in der Anschaffung wesentlich billiger als die entsprechenden Metallgefäße.

Durch kleine, vorher mit konz. Salzsäure behandelte Steine werden alle Kulturgefäße auf gleiches Gewicht gebracht, das aber jeden 2. bis 4. Tag kontrolliert werden muß und durch Zugabe von Wasser oder Nährlösung entsprechend ergänzt wird. Alle 2 Wochen begießen wir die Kulturgefäße mit den Nährlösungen. Dabei ist stets darauf zu achten, daß zuerst die in den Wannen unter den Kulturgefäßen enthaltenen Lösungen verwendet werden, damit keine Nährsalze verlorengehen.

Für die **Wasserkulturen** verwenden wir 1—3-l-Gefäße aus Glas, z. B. Einmachgläser, deren Innenflächen wir vor der Benutzung mit einer dünnen Schicht verflüssigtem Paraffin überziehen. Die Kulturgefäße werden dann mit einem übergreifenden Holz- oder Porzellandeckel, der in der Mitte ein Loch zum Einsetzen der Versuchspflanzen enthält, abgeschlossen. Nun geben wir die Nährlösungen in die Gefäße, markieren den Wasserstand an den Wandungen und kontrollieren ihn weiterhin ständig.

Für das Gelingen der Wasserkulturen ist auch hier ein öfteres Durchlüften der Lösungen erforderlich. Dazu pressen wir alle 2—3 Tage mittels eines bis zum Grunde des Gefäßes reichenden, in eine poröse Porzellanperle endigenden Glasrohres für einige Minuten Luft durch die Lösung.

Von einigen Seiten wird geraten, die Konzentration der Nährlösungen für die Wasserkulturen niedriger zu halten als für die Sandkulturen (Verdünnung z. B. 1 : 10). Dann ist es aber erforderlich, alle 14 Tage die Nährlösungen zu erneuern, um auf diese Weise Nährstoffmangelerscheinungen auszuschalten.

Über die **Zusammensetzungen der Nährlösungen** werden von den verschiedenen Seiten und für bestimmte Zwecke die verschiedensten Angaben gemacht. Hier seien nur die häufig angewendeten Nährlösungen nach „VAN DER CRONE“ (Sitzgsber. niederrhein. Ges. Naturwiss. u. Heilk., Bonn 1902, 167) und nach „KNOP“ (Landw. Versuchsstation 30. 293. 1884) genannt. Über die Zusammensetzung von weiteren 40 Nährlösungen s. z. B. E. HILTNER: „Wasserkultur und Vegetationsversuch“, in HONCAMP: „Handbuch der Pflanzenernährung und Düngerlehre“, Bd. 1 (1931).

VAN DER CRONE:		KNOP:	
KNO_3	1,00 g	$Ca(NO_3)_2$	1,00 g
$Ca_3(PO_4)_2$	0,25 g	KNO_3	0,25 g
$Fe_3(PO_4)_2$	0,25 g	KH_2PO_4	0,25 g
$CaSO_4 \cdot 2\,H_2O$	0,50 g	KCl	0,12 g
$MgSO_4 \cdot 7\,H_2O$	0,50 g	$MgSO_4 \cdot 7\,H_2O$	0,25 g
H_2O	1000 ccm	$FeCl_3 \cdot 6\,H_2O$ (5%)	1 Tropfen
		H_2O	1000 ccm

Eine für viele Untersuchungen sehr beliebte Nährlösung von ZINZADZE [Ber. dtsch. bot. Ges. **44**, 466 (1926)] hat folgende Zusammensetzung:

NH_4NO_3	0,396 g
$Ca_3(PO_4)_2$	0,464 g
$Fe_2(SO_4)_3 \cdot 7\,H_2O$	0,417 g
$MgSO_4$	0,500 g
KCl	0,737 g
$CaSO_4 \cdot 2\,H_2O$	0,500 g
H_2O	1000 ccm

Diese Lösungen werden entweder mit zweimal über Jenaer Glas dest. Wasser (für wissenschaftliche Untersuchungen unbedingt erforderlich) oder mit weichem Leitungs- bzw. Regenwasser (beides sterilisiert) angesetzt. Nie soll dagegen das in Kupferkesseln dest. Wasser verwendet werden (s. S. 139). Wir benutzen für die Demonstrationsversuche gern Regenwasser, das von sauberen Dächern aufgefangen und dann filtriert wird.

3. Kultur von Algen.

Für die Kultur von autotrophen Algen sind folgende Nährlösungen vor allem zu empfehlen:

1. BENECKE:		2. PRINGSHEIM:		3. BEIJERINCK:	
H_2O	1000 ccm	H_2O	1000 ccm	H_2O	1000 ccm
$Ca(NO_3)_2$	0,5 g	$(NH_4)MgPO_4$	1,00 g	$(NH_4)NO_3$	0,5 g
$MgSO_4 \cdot 7H_2O$	0,1 g	K_2SO_4	0,25 g	$MgSO_4 \cdot 7H_2O$	0,2 g
K_2HPO_4	0,2 g	$Fe_2(PO_4)_3$	Spur	KH_2PO_4	0,2 g
$FeCl_3$	Spur			$CaCl_2$	0,1 g
				$FeCl_3$	Spur
Für die meisten Algen sehr geeignet. Konzentration ausprobieren!		Sehr verdünnte Nährlösung.		NO_3-Quelle oft ungünstig. Saures Phosphat!	

Für viele Algen wirkt sich ein Zusatz einer Gartenerdeabkochung sehr günstig aus, so vor allem für Cyanophyceen, Flagellaten und Diatomeen.

PRINGSHEIM, E.: Naturwiss. **23**, 197 (1935).

Die Algen werden entweder in den Nährlösungen selbst oder auf 1proz. (Gallerte) bzw. 1,8proz., gut ausgewaschenem Agar kultiviert. Die Gefäße stellen wir an einem Nordfenster auf, so daß die autotrophen Organismen diffuses Tageslicht, nie aber direktes Sonnenlicht erhalten.

Nähere Anleitungen für die Algenkultur siehe:

1. Pringsheim, E., in Abderhalden: Handbuch der biologischen Arbeitsmethoden, Abt. XI, Teil 2a, S. 377.

2. Küster, E.: Kultur der Mikroorganismen. Leipzig: Teubner 1913.

3. Kostka, G.: Praktische Anleitungen zur Kultur der Mikroorganismen, in: Handbücher für die praktische naturwissenschaftliche Arbeit, Bd. 17—18. 1924.

Eine sehr brauchbare, aber relativ unbekannt gebliebene Methode zur Gewinnung von Volvocalen verdanken wir J. Jakobsen, die hier in der von J. Buder und Schüler abgeänderten Form wiedergegeben wird: In einen etwa 25 cm hohen und 4 cm weiten Standzylinder gibt man eine Messerspitze Albumen ex ovis oder Pepton, schichtet darüber etwa 2 cm hoch die zur Untersuchung vorliegende, frische Erdprobe, die mit einer 1 cm dicken sterilen Sandschicht abgedeckt wird. Nun stampfen wir mit einem an einem Stab befestigten, passenden Korken die Erde etwas an, werfen in das Glas sodann einen nicht zu kleinen Korken, auf den wir behutsam steriles, aber gut durchlüftetes Wasser fließen lassen. So verhindern wir, daß die Bodenschichten aufgewirbelt werden. Der Standzylinder wird bis etwa 2 cm unterhalb des Glasrandes mit Wasser aufgefüllt, der Korken herausgenommen und das Gefäß mit einer Glasplatte abgedeckt. Die signierten Kulturgefäße stellen wir am besten an einem Nord- oder Westfenster auf. Nach 8—14 Tagen entwickeln sich im allgemeinen die ersten Algen im Wasser, die abpipettiert werden. Die Isolierung der einzelnen Formen zur Reinkultur in den oben genannten Nährlösungen erfolgt nach der sog. Verdünnungs- oder Tüpfelmethode bzw. unter Ausnutzung der positiven und negativen Phototaxis der Algen in einem entsprechenden Gefäß.

4. Kultur von Pilzen und Hefen.

Die meisten auxo-autotrophen Pilze (s. S. 101) lassen sich in folgenden Nährlösungen kultivieren:

1. Pringsheim:

H_2O	1000 ccm
Rohrzucker	50,0 g
Asparagin	5,0 g
$MgSO_4 \cdot 7\,H_2O$	1,0 g
KH_2PO_4	1,0 g

2. Schopfer:

H_2O (bidest.)	1000 ccm
Glucose puriss.	30,0 g
Asparagin	1,0 g
$MgSO_4 \cdot 7\,H_2O$	0,5 g
KH_2PO_4	1,5 g
p_H	4—4,5

Die synthetische Nährlösung für Hefe nach Boas setzt sich folgendermaßen zusammen:

Wasser	1000 ccm	NaCl	0,5 g
Glucose puriss.	50,0 g	$Na_2SO_4 \cdot 10\,H_2O$	0,5 g
KH_2PO_4	1,6 g	H_3BO_3	0,002 g
K_2HPO_4	0,3 g	$ZnSO_4$	0,002 g
$MgSO_4 \cdot 7\,H_2O$	1,0 g	$MnSO_4$	0,002 g
$(NH_4)_2SO_4$	2,0 g	$FeCl_3$	0,002 g
$CaCl_2 \cdot 6\,H_2O$	0,5 g		

Für die Hefe kann auch die SCHOPFERsche Nährlösung (s. o.) verwendet werden, die dann aber auf 1000 ccm Wasser 50 g Glucose enthält.

Für auxo-heterotrophe Pilze ist noch ein Zusatz von 1—5proz. Biomalz, 50proz. ungehopfter Bierwürze oder einer Hefeabkochung nötig (s. Vers. 58). Die Hefeabkochung gewinnen wir, indem wir zu 5—10 g Preßhefe 100 ccm Wasser geben, den Kolben kräftig durchschütteln und dann 15—30 Minuten in einem Dampftopf erhitzen. Danach lassen wir die Aufkochung möglichst schnell abkühlen und die Hefe sich absetzen. Die Flüssigkeit dekantieren wir am nächsten Tag vorsichtig ab und geben sie zu den Nährlösungen.

Spezielle Anleitungen zur Pilzkultur siehe:

1. PRINGSHEIM, E., in ABDERHALDEN: Handbuch der biologischen Arbeitsmethoden, Abt. XI, Teil 2a, S. 407.

2. KÜSTER, E.: Kultur der Mikroorganismen. Leipzig: Teubner 1913.

3. KOSTKA, G.: Praktische Anleitung zur Kultur der Mikroorganismen, in: Handbücher für die praktische naturwissenschaftliche Arbeit, Bd. 17—18. 1924.

Bezugsquellen für Pilz-Reinkulturen:

Centraalbureau voor Schimmelcultures, Baarn (Holland), Javalaan 4. Dieses Institut gibt auf Anforderung eine Liste der dort kultivierten Pilzstämme aus. Außerdem können die wichtigsten hier für das Praktikum benötigten Pilze von Frau Prof. Dr. Niethammer, Botanisches Institut der Technischen Hochschule, Stuttgart, bezogen werden.

5. HOAGLAND'sche A—Z-Lösung.

Als Zusatzlösung für die Nährlösungen der höheren Pflanzen wird von HOAGLAND eine Lösung von Spurenelementen angegeben, die auf 18 Liter doppelt dest. Wasser folgende Salze enthält:

LiCl	0,5 g	$MnCl_2 \cdot 4\,H_2O$	7,0 g
$CuSO_4 \cdot 5\,H_2O$	1,0 g	$NiSO_4 \cdot 6\,H_2O$	1,0 g
$ZnSO_4$	1,0 g	$Co(NO_3)_2 \cdot 6\,H_2O$	1,0 g
H_3BO_3	11,0 g	TiO_2	1,0 g
$Al_2(SO_4)_3$	1,0 g	KJ	0,5 g
$SnCl_2 \cdot 2\,H_2O$	0,5 g	KBr	0,5 g
As_2O_3	0,1 g		

Von dieser Lösung geben wir 1 ccm auf 1 Liter Nährlösung.

HOAGLAND, D. R., u. W. C. SNYDER: Proc. Ann. Soc. F. Hort. Sci. **30**, 288 (1933).

6. Sterilisieren der Nährlösungen.

Für Versuche mit Reinkulturen von Pilzen und Algen benötigen wir unbedingt sterile Nährlösungen. Dazu seien hier einige Hinweise gegeben:

Die gut ausgewaschenen und mit doppelt dest. Wasser nachgespülten, getrockneten Kulturgefäße (also Reagensgläser und ERLENMEYER-Kolben) verschließen wir nach dem Trocknen zunächst mit Wattestopfen. Dazu verwenden wir Spitalwatte. Wir breiten diese auf sauberem Papier aus, teilen eine Lage der Watte in 2—3 Schichten auf und schneiden davon 5—6 cm breite Streifen ab. Diese falten wir der Länge nach einmal zusammen und rollen sie dann, von einem Streifenende anfangend, fest auf. Hat eine solche Rolle die erforderliche Dicke für einen Stopfen, schneiden wir sie von dem Wattestreifen ab und stecken sie mit dem glatten Ende in das Kulturgefäß. Die Stopfen dürfen nicht zu locker in dem Hals des ERLENMEYERS sitzen, aber auch nicht so fest, daß sie hineingewürgt werden müssen. Am besten läßt man sich diese Handgriffe von einer erfahrenen technischen Assistentin zeigen.

Darauf sterilisieren wir die Gefäße in einem elektrischen Heißluftsterilisator (Thermostat) eine halbe Stunde bei 150—180°.

Die erforderliche Menge der Nährlösung setzen wir in einem großen, sterilen Kolben an und sterilisieren sie darin dreimal im Abstande von je 48 Stunden 15—20 Minuten in einem Dampftopf. Ein einmaliges Erhitzen auf 100° C reicht im allgemeinen nicht aus, um alle Sporen abzutöten. Wir lassen daher die nach dem ersten Sterilisieren erhalten gebliebenen Sporen bei Zimmertemperatur auskeimen und töten dann die Keime bei dem 2. bzw. 3. Erhitzen der Nährlösung auf 100° C ab. Da in einigen wenigen Fällen auch ein mehrmaliges Sterilisieren im strömenden Dampf nicht ausreicht, sind wir hier gezwungen, einen Autoklaven zu benutzen, also unter Überdruck zu sterilisieren.

Bei der Handhabung eines Autoklaven ist folgendes zu beachten:

1. Einfüllen von destilliertem Wasser bis zur Marke des Wasserstandsrohres.

2. Anheizen bei geöffnetem Ventil, bis Wasserdampf unter Druck aus dem Kessel herausströmt; erst dann Ventil schließen.

3. Einstellen des roten Zeigers am automatischen Manometerregulator (falls vorhanden) auf den gewünschten Überdruck.

4. Nach Beendigung der Sterilisation Heizflamme löschen. Ventil aber erst dann öffnen, wenn die Temperatur im Kessel auf 100° gesunken und das Manometer auf 0 Atm. Überdruck zurückgegangen ist.

5. Um das Eindringen unsteriler Luft in die Kolben beim Abkühlen zu vermeiden, nehmen wir die sterilisierten Gefäße erst dann aus dem bis dahin verschlossen gehaltenen Autoklaven, Dampftopf oder Heißluftsterilisator, wenn sie in diesem sterilen Raum auf Zimmertemperatur abgekühlt sind. Zur Vermeidung einer späteren Infektion empfiehlt es sich, über den Hals des mit Watte abgestopften Kolbens ein passendes Becherglas zu stülpen.

Ist der Autoklav nicht mit einem automatischen Manometerregulator versehen, kontrollieren wir den Überdruck nach der Temperatur. Dafür gilt folgende Tabelle, allerdings nur für den Fall, daß der Kessel vollständig luftfrei ist:

100,0° C	. . . . 0 Atm. Überdruck	139,2° C	. . . . 2,5 Atm. Überdruck
111,7° C	. . . . 0,5 „ „	144,0° C	. . . . 3,0 „ „
120,6° C	. . . . 1,0 „ „	148,3° C	. . . . 3,5 „ „
127,8° C	. . . . 1,5 „ „	152,2° C	. . . . 4,0 „ „
133,9° C	. . . . 2,0 „ „		

Die Sterilisationsdauer richtet sich nach dem Überdruck. Gewöhnlich genügt ein einmaliges Erhitzen auf:

0,5 Atm. Überdruck für 35 Minuten
1,0 „ „ „ 25 „
1,5 „ „ „ 12 „

Wenn die Sterilisation unter Überdruck auch gründlicher und einfacher erscheint, so muß ich hier doch auf die Nachteile dieser Methode hinweisen, da sie allzu häufig übersehen werden: Einige Nährmedien werden vollständig zersetzt oder doch zumindest sehr stark verändert. So darf Gelatine überhaupt nicht autoklaviert werden. Dem Agar schadet das Erhitzen auf über 100° im allgemeinen nicht soviel. Am wenigsten werden noch neutral reagierende Nährböden verändert (siehe weiteres darüber: Agar als Nährboden, s. u. Nr. 7). Dann scheiden stickstoffhaltige Verbindungen über 100° Ammoniak ab, Eiweiße koagulieren, höhere Kohlenhydrate werden hydrolytisch gespalten, Zucker karamelisiert und die Zuckerlösungen daher braun. Die Veränderungen im Nährmedium beim Sterilisieren unter Überdruck dürfen nie übersehen werden. Man soll sich daher vor Benutzen des Autoklaven darüber Rechenschaft ablegen, ob die Keime in der Lösung wirklich nur bei Überdruck abgetötet werden können; andernfalls sterilisieren wir lieber im strömenden Dampf.

7. Agar als Nährboden.

Der käufliche Agar enthält meist Beimengungen von Stoffen, die die Kultur von Pilzen usw. in einigen Fällen stören. Wir waschen daher den in kleine Stücke zerschnittenen Stangenagar zunächst in einem passenden, mit Gaze zugebundenen Gefäß in fließendem Wasser zumindest 24 Stunden und legen ihn danach für die gleiche Zeit in dest. Wasser. Der Agar kann nun entweder wieder getrocknet oder in der Nährlösung sogleich aufgelöst werden. Er löst sich erst bei 100° in etwa 30 Minuten, bei 120° (1 Atm. Überdruck) in 20 Minuten. Bei diesen hohen Temperaturen wird er jedoch schon durch geringe Mengen von Säuren und Alkalien zersetzt, auch verändern sich die Nährlösungen zum Teil sehr stark (s. oben). Daher gehen wir beim Herstellen von sauren und alkalischen Nährböden folgendermaßen vor: Wir erhitzen den Agar zunächst als doppelt konzentrierte Lösung in reinem Wasser für 30 Minuten auf 100°, lassen ihn auf 50—60° abkühlen, geben nun die entsprechend stärker angesetzte, bereits zweimal sterilisierte Nährlösung hinzu und erhitzen dann nochmals für 15—20 Minuten auf 100° im Dampftopf. Natürliche, saure Nährlösungen, z. B. Pflaumensaft, neutralisieren wir zunächst und bringen sie nach der Sterilisation mit Zitronen- oder Weinsäure auf die ursprüngliche Azidität. Für die normalen Kulturtemperaturen wird der Agar 1,5—2,0proz. angesetzt, für höhere Temperaturen dagegen 3proz.

Nach der Sterilisation wird der Agar unter sterilen Bedingungen (z. B. im strömenden Wasserdampf) in die Kulturgefäße gegossen. Für Reagensgläser der normalen Größe mißt man meist 10 ccm ab, für Petri-Schalen und Erlenmeyer so viel, daß der Boden 3—4 mm hoch bedeckt ist. Nach dem Einfüllen werden die Reagensgläser schräg auf eine Leiste gelegt, so daß die Agaroberfläche von 4 cm unterhalb der Mündung bis 1 cm über dem Boden des Reagensglases reicht. Das Einfüllen des Agars in die Reagensgläser und Erlenmeyer muß stets so erfolgen, daß kein Tropfen an der Mündung des Kulturgefäßes haften bleibt, da sonst der Wattestopfen hier an den Glaswandungen anklebt. Außerdem schafft man so am Eingang zu dem Kulturgefäß den Bakterien einen günstigen Nährboden, und sie können allzu leicht in das Innere des Gefäßes vordringen.

8. Impfen unter sterilen Bedingungen.

Nach der Sterilisation der Kulturgefäße und Nährmedien müssen auch die Reinkulturen unter sterilen Bedingungen auf das Nährsubstrat übergeimpft werden. Dazu benötigen wir zunächst einen sterilen Raum. In vielen Fällen verwendet man eine Impfkammer, durch die vor dem Impfen Wasserdampf geleitet wird, der sämtliche Keime an den Wänden niederschlägt. Man muß also beim Arbeiten in diesem Raum stets daran denken, daß Wände und Boden dieser Kammer nicht steril sind, sterile Gegenstände diese daher nicht berühren dürfen. Besser arbeitet man schon in einer Impfkammer, in die wir 6 Stunden vor der Impfung offene Schälchen mit Formaldehyd stellten. In dieser Aldehydatmosphäre dürfen die Kulturen aber höchstens 1 Minute bleiben, um nicht geschädigt zu werden.

Steht keine Impfkammer zur Verfügung, so wird man in vielen Fällen auch über einem größeren Kochtopf im aufsteigenden Wasserdampf mit genügender Sicherheit impfen können.

Zum Abimpfen verwenden wir eine Platinnadel, die vor jeder Impfung in einer Flamme ausgeglüht wird. Dabei ist darauf zu achten, daß das Platin nicht in den reduzierenden, inneren Flammenkegel des Bunsenbrenners hineinkommt, da das Metall hier stark geschädigt wird.

Hat der zum Überimpfen von den Kulturgefäßen abgenommene Wattestopfen irgendeinen auch nur evtl. unsterilen Gegenstand berührt, flammen wir den Stopfen in einem Bunsenbrenner ab, so daß alle an ihm haftenden Sporen und Keime verbrennen.

Vor der Impfung waschen wir uns Hände und Unterarme gründlichst mit Seife.

9. Sterilisieren von Samen bei Erhaltung ihrer Keimkraft.

Für Versuche der Organkultur benötigen wir sterile, keimfähige Samen, die wir aus Tomaten und anderen Früchten ohne weiteres mit sterilen Instrumenten herausnehmen können. Werden aber z. B. sterile Erbsensamen benötigt, so müssen diese von den ihren Schalen anhaftenden Keimen befreit werden. Dazu hat sich vor allem ein Abwaschen und Abreiben der Samen mit einer 0,1proz. Sublimatlösung mit einem Zusatz von 0,1% Saponin (Sublimat-Saponin-Gemisch) sehr gut bewährt (Vorsicht: Gift!). Diese Lösung benetzt jede Fläche leicht und tötet die Sporen sicher ab. Nach dem Waschen spülen wir die Samen mehrmals mit sterilem Wasser ab, lassen sie quellen und legen sie dann in einem sterilen Raum zur Keimung aus.

10. Sterilisieren von Erden.

Reinen Quarzsand können wir durch 1—2stündiges Erhitzen auf 150—180° C in einem Trockenschrank keimfrei machen. Humus- und ähnliche Böden würden aber bei einer derartigen Behandlung in ihren chemischen wie physikalischen Eigenschaften allzusehr verändert. Wir müssen die Sterilisation von solchen Böden durch dreimaliges Erhitzen in einem Dampftopf — also im strömenden Dampf — bei einem zeitlichen Abstand von je 1 Tag für je 2 Stunden oder durch ein einmaliges Erhitzen in einem Autoklaven bei 120° C (= 1 Atm. Überdruck) für $1^1/_2$ Stunden vornehmen. Eine Änderung der Bodenstruktur wie der chemischen Zusammensetzung läßt sich aber auch bei einer derartigen Behandlung durchaus nicht vollständig vermeiden.

Um die Erde auch nach erfolgter Sterilisation frei von Fremdinfektion zu halten, überdecken wir die Böden in den Gefäßen vor dem Erhitzen lückenlos mit einer lockeren Lage Watte, die zum Auslegen der Samen oder Impfen der Böden mit bestimmten Bakterien usw. nur in einem keimfreien Raum aufgehoben wird.

11. Vermeidung von Verpilzung durch Nelkenöl.

Für manche Keimungsversuche müssen wir einen relativ kleinen Raum längere Zeit hindurch keimfrei halten, ohne daß dadurch die Keimung der Samen beeinflußt werden darf. In diesen Fällen empfiehlt es sich, die betreffenden Keimschalen unter einem Glassturz neben eine flache, mit Nelkenöl gefüllte Schale zu stellen. Es tritt dann selbst auf infiziertem Nähragar keine Pilz- oder Bakterienentwicklung auf, und soweit bisher die Erfahrung zeigt, wird die Keimung der Samen keineswegs beeinflußt.

Das Nelkenöl wird auch in der Zahnmedizin als Antiseptikum und Desinfektionsmittel angewendet. Es sei aber darauf hingewiesen, daß in letzter Zeit dem käuflichen „Nelkenöl" sehr oft Ersatzstoffe zugesetzt sind, die es zumindest für unsere Versuche ungeeignet machen.

12. Abwägen kleinster Gewichtsmengen.

Für einige Versuche müssen wir z. B. $1\,\gamma = 0{,}000001$ g abwägen, was aber selbst mit den besten uns zur Verfügung stehenden Waagen nicht gelingt. Wir helfen uns nach folgendem konkretem Beispiel:

In Vers. 107 sollen zu einer Nährlösung $0{,}4\,\gamma$ Vitamin B_1 hinzugegeben werden. Dazu wägen wir zunächst 10 mg = 0,010 g ab, was auf einer analytischen Waage ohne weiteres möglich ist. Diese Substanzmenge lösen wir in einem Meßkolben in 100 ccm Wasser auf und nehmen von dieser Lösung 1 ccm ab, zu dem wir dann 99 ccm Wasser geben. 1 ccm dieser verdünnten Lösung, den wir mit einer Mikrobürette abmessen, enthält dann $1\,\gamma$ Vitamin B_1, also 0,4 ccm enthalten $0{,}4\,\gamma$ Vitamin B_1.

Liegen nun nicht Pulver oder Kristalle wie in diesem Beispiel vor, sondern Flüssigkeiten, dann ist es nur sehr schwer möglich, genau 10 mg abzuwägen. Wir können uns so helfen, daß wir zunächst auf der Waage ein sauberes Deckgläschen austarieren und dann auf dieses einen Tropfen der Flüssigkeit geben, dessen Gewicht wir genau bestimmen. Nun werfen wir dieses Deckglas in einen Kolben, in den wir so viel Wasser geben, daß wir eine 0,01proz. Lösung erhalten, von der wir dann ohne weiteres die gewünschten weiteren Verdünnungsstufen herstellen können.

Beachte die auf S. 138, Absatz 6 gemachten allgemeinen Vorschriften zum Abwägen von Chemikalien.

13. Herstellung von molaren Lösungen.

Es seien hier einige Bemerkungen zum Herstellen von molaren und normalen Lösungen eingefügt. Das Molekulargewicht errechnet sich aus der Summe der relativen Atomgewichte der Elemente, aus denen sich die Verbindung zusammensetzt. Die volumenmolare Lösung erhalten wir, indem wir in einem 1 Liter-Meßkolben zunächst so viel Gramm von der Substanz einwägen, wie das Molekulargewicht angibt, und dann mit dem Lösungsmittel bis zur Meßmarke auffüllen. Nach Division des Molekulargewichtes durch die Wertigkeit der Verbindung, d. h. bei Säuren durch die Anzahl der ersetzbaren H-Ionen, bei Basen durch die Anzahl der ersetzbaren OH-Ionen, erhalten wir das Äquivalentgewicht. Wird dieses entsprechend dem Molekulargewicht (s. o.) gelöst, so erhalten wir die 1 norm. Lösung.

Die Molekulargewichte einiger physiologisch wichtiger Substanzen sind in der folgenden Tabelle zusammengestellt:

Anorganische Salze:	Mol. Gewicht	Säuren:	Mol. Gewicht
$CaCl_2 \cdot 6\,H_2O$	219,09	HCl	36,47
$Ca(NO_3)_2$	164,10	HNO_3	63,02
$Ca_3(PO_4)_2$	310,20	H_2SO_4	98,08
$CaSO_4 \cdot 2\,H_2O$	172,17	H_3PO_4	98,00
$FeCl_3 \cdot 6\,H_2O$	270,32	CH_3COOH	60,05
$Fe_3(PO_4)_2$	357,51		
KCNS (wasserfrei!!)	97,17		
KCl	74,55	Laugen:	
KH_2PO_4	136,09		
K_2HPO_4	174,18	KOH	56,10
KNO_3	101,10	NaOH	40,01
K_2SO_4	174,25	NH_4OH	35,05
$MgCl_2 \cdot 6\,H_2O$	203,33	$Ba(OH)_2$	171,38
$MgSO_4 \cdot 7\,H_2O$	246,49	$Ca(OH)_2$	74,10
NaCl	58,45		
NaH_2PO_4	119,99		
$Na_2HPO_4 \cdot 2\,H_2O$	178,01	organische Substanzen:	
$NaNO_3$	85,01		
$Na_2SO_4 \cdot 10\,H_2O$	322,21	Asparagin	132,12
NH_4Cl	53,50	Glycerin	92,09
NH_4MgPO_4	137,34	Harnstoff	60,06
NH_4NO_3	80,05	Traubenzucker	180,16
$(NH_4)_2SO_4$	132,14	Rohrzucker	342,30

14. Herstellung von Wuchsstofflösungen.

Für die meisten entwicklungsphysiologischen Versuche mit Streckungswuchsstoffen werden volumen-molare Lösungen der β-Indolylessigsäure (= Indol-3-essigsäure, E. Merck) verwendet. Diese Säure löst sich in Wasser relativ langsam und schwer. Daher setzen wir eine abgewogene Wuchsstoffmenge mit der abgemessenen Wassermenge einen Tag vor der Benutzung an. Um den Lösungsvorgang zu beschleunigen, erwärmen wir die Flüssigkeit etwas, jedoch höchstens auf 40°. Für die unphysiologisch hohen Konzentrationen, wie sie vor allem für die praktischen Anwendungen der Streckungswuchsstoffe in Frage kommen, verwenden wir besser und mit gleicher Wirkung die leicht löslichen Kalium- oder Natriumsalze. Stehen uns diese nicht zur Verfügung, so lösen wir die β-Indolylessigsäure in einer stark verdünnten Kalilauge auf und neutralisieren anschließend die überschüssige Lauge mit Essigsäure (Indikator: Phenolphthalein).

Die Wuchsstofflösungen sind im Gegensatz zu den Pasten nur sehr beschränkte Zeit haltbar (Pasten 2—3 Wochen, Lösungen 2 Tage!!) und dürfen auf keinen Fall dem Licht ausgesetzt werden.

Streckungswuchsstoffe	Mol.-Gewicht	Streckungswuchsstoffe	Mol.-Gewicht
Auxin a ($C_{18}H_{32}O_5$)	316,00	β-Indolylbuttersäure.	203,08
Auxin b ($C_{18}H_{30}O_4$)	298,00	Phenylessigsäure	136,00
β-Indolylessigsäure	175,08	Phenylbuttersäure.	164,00
β-indolylessigsaures Kalium .	213,48	α-Naphthylessigsäure	186,00
β-indolylessigsaures Natrium .	197,08	2.4-Dichlorphenoxyessigsäure	222,00

15. Herstellung einer Wuchsstoffpaste.

In einer Abdampfschale werden auf dem Wasserbad 5 g Wollfett (Adeps lanae anhydr. DAB. VI) geschmolzen. Zu der Schmelze geben wir 5 ccm der Wuchsstofflösung. Mit einem Spatel verreiben wir die beiden Phasen in der Schale, bis das Wollfett wieder erstarrt ist und eine gleichmäßig weiße Farbe angenommen hat. Es ist notwendig, daß das Verreiben der Paste sehr gründlich — mindestens 10 Minuten lang — vorgenommen wird. Gibt man zu der Paste einen Tropfen Ölsäure, so erreicht man die notwendig gleichmäßige Verteilung des Wuchsstoffes etwas leichter. Die Paste ist dann auch weicher, läßt sich besser verarbeiten und hat weiter den Vorteil, daß der Wuchsstoff in das Gewebe schneller eindringt.

Die Pasten werden an einem dunklen, kühlen Ort in kleinen Deckelschalen aufbewahrt.

Die Kontroll- oder Wasserpaste setzen wir in gleicher Weise mit Wasser an. Geben wir zu der Wuchsstoffpaste Ölsäure, so muß dies natürlich auch in der Kontrolle geschehen.

Fertige Wuchsstoffpasten können von der Firma „Bayer", Pflanzenschutz-Abteilung, Leverkusen a. Rh., als „Belvitan-Paste" bezogen werden.

16. Herstellung von Rußparaffin als Markierungsflüssigkeit.

Für horizontal-mikroskopische Wachstumsmessungen benötigen wir eine nicht eintrocknende Markierungsflüssigkeit, die das pflanzliche Gewebe nicht schädigt und eine selbst bei rotem Licht deutliche Markierung erlaubt. Es werden verschiedene derartige Lösungen empfohlen:

Wir verreiben Ruß oder auch etwas Aktivkohle mit Paraffinum liquidum zu einer dicken Flüssigkeit. Diese tragen wir dann mit einer an einen kleinen Stab gebundenen, entfetteten Augenwimper oder einer Schweineborste als kleine Punkte oder Striche auf das Objekt auf.

17. Alkalische Pyrogallol-Lösung zur Absorption von Sauerstoff.

40 g Pyrogallol werden in 90 ccm destilliertem und frisch abgekochtem Wasser gelöst. Dazu geben wir 45 ccm einer konz. Kalilauge. Die Lösung färbt sich sehr bald braun und kann selbst in gut schließenden Flaschen nur kurze Zeit aufbewahrt werden. Daher geben wir die beiden Lösungen am besten erst direkt vor dem Gebrauch zusammen.

18. Barytwasser als Reagens auf CO_2.

Das für Vers. 144 benötigte Barytwasser stellen wir uns her, indem wir dest. Wasser, um dieses zunächst von der darin gelösten CO_2 zu befreien, längere Zeit aufkochen, dann in dem noch heißen Wasser Bariumoxyd bis zur Sättigung lösen. (Das BaO löst sich nur in sehr geringer Menge im Wasser.) Die Lösung mit dem Bodensatz lassen wir nun in einer sauberen, fest verschlossenen Flasche abkühlen. Am nächsten Tage wird die meist noch trübe Flüssigkeit so lange durch das gleiche Hartfilter (sog. Barytfilter) gegeben, bis sie klar durchfließt. Das Reagens, das in einer gut schließenden Flasche aufbewahrt wird, ist nun gebrauchsfertig.

19. Herstellung von Kältemischungen.

Auf 100 Teile Schnee kommen:	Erreichte Temperatur C°:	Auf 100 Teile Schnee kommen:	Erreichte Temperatur C°:
30 Teile KCl . . .	−10,9	9 Teile KNO_3 + 67 Teile $(NH_4)CNS$ . . .	−28,2
25 Teile NH_4Cl . .	−15,4	32 Teile $(NH_4)NO_3$ + 59 Teile $(NH_4)CNS$	−30,6
45 Teile $(NH_4)NO_3$	−16,7	54,5 Teile $NaNO_3$ + 39,5 Teile $(NH_4)CNS$	−37,4
50 Teile $NaNO_3$ . .	−17,7	143 Teile $CaCl_2$ krist.	−50,0
33 Teile NaCl . . .	−21,3		

ULLMANN, F.: Enzyklopädie der Technischen Chemie, Bd. 6, S. 389. 1930.

20. Relative Dampfspannung über Schwefelsäure-Wasser-Gemischen.

Schwefelsäure proz.	Rel. Dampfspannung %	Schwefelsäure proz.	Rel. Dampfspannung %	Schwefelsäure proz.	Rel. Dampfspannung %
0	100	6	97	16,32	90
2	99	8	96	22,63	85
4	98	10	95	26,75	80

21. Zusammenstellung von Filtersätzen zum Arbeiten im monochromatischen Licht.

Für die Beantwortung bestimmter entwicklungsphysiologischer Fragen, z. B. der der Keimung und Morphosen, ist das Arbeiten im monochromatischen Licht erforderlich. Am häufigsten verwendet werden dafür die Farbgläser der Firma Schott und Gen. in einer Kombination, wie sie uns A. Seybold [Ber. dtsch. bot. Ges. 52, 493 (1934)] und auch D. Meischke [Jb. Bot. 83, 359 (1936)] zusammenstellten. Die wichtigsten optischen Daten dieser Filtersätze enthält die nachstehende Tabelle:

Filter Nr.	Optischer Schwerpunkt	½-Wertsbreite mμ	$^1/_{10}$-Wertsbreite mμ	Durchlässigkeit %	Glasarten
1.	750	834—680	890—660	—	RG 8 + BG 17
2.	730	740—730	760—730	66,0	RG 7
3.	710	740—680	760—680	66,0	RG 8
4.	680	740—650	760—650	66,0	RG 5
5.	655	684—632	700—624	3,0	RG 2 + BG 7
6.	600	608—590	620—580	0,9	RG 1 + VG 2
7	570	584—565	605—562	6,5	OG 2 + VG 3 + BG 7
8.	560	570—556	576—530	6,5	VG 2 + VG 3 + OG 1 + BG 11
9.	550	572—530	602—515	—	VG 2 + OG 1 + BG 7
10.	520	535—506	548—498	1,3	BG 9 + BG 7 + Celloid
11.	490	496—482	510—454	0,4	GG 7 + BG 12
12.	450	468—432	486—415	6,6	BG 1 + BG 3 + BG 7 + GG 5
13.	435	450—420	464—396	4,2	BG 2 + BG 12 + GG 3
14.	365	390—340	400—330	21,0	UG 2 + BG 12

Um unter den einzelnen Filtersätzen gleiche Lichtenergien zu erlangen, werden diese mit einer 500 Watt-Osram-Nitra-Lampe, einer Mollschen Mikrothermosäule und dem empfindlichen Thermorelais nach Moll und Burger oder einem gleich leistungsfähigen anderen Instrument gemessen und durch Vorschalten von Graugläsern (NG 5) bzw. Cellophanscheiben auf den Filtersatz geringster Energiedurchlässigkeit abgestimmt.

22. Kultur im hängenden Tropfen.

Von einem dicken Glasrohr (innerer Durchmesser etwa 15 mm) schneiden wir Stücke von 1,0 cm Länge ab, schleifen die Schnittflächen möglichst glatt und kleben die Zylinder dann an der einen Schnittfläche mittels Glaskitt auf einen Objektträger. Nach der Sterilisation (z. B. im Sublimat-Saponin-Gemisch, s. S. 147) geben wir in die Glaskammer etwas Wasser oder eine Lösung mit einem bestimmten Dampfdruck und schmieren auf den freien Glasrand des Ringes etwas Vaseline. Dann legen wir das Deckglas, auf das ein Tropfen mit dem zu untersuchenden Objekt gegeben wurde, so auf, daß der Tropfen in die Kammer hineinhängt. Dabei ist aber darauf zu achten, daß der Tropfen der Kulturlösung nicht mit der Vaseline in Berührung kommt oder gar am Glaszylinder herabläuft. So ist der Raum luftdicht abgeschlossen und das Eindringen fremder Keime unmöglich. Trotzdem ist in dieser

Kulturkammer so viel Luft enthalten, daß wir die Kultur über längere Zeit fortführen können. Zudem sind wir jederzeit dazu imstande, das in dem Tropfen enthaltene Objekt unter Bewahrung der sterilen Kulturbedingungen mikroskopisch zu beobachten.

23. Feuchte Kammer zum Beobachten des Wurzelwachstums.

Aus 8 mm dickem Sperrholz fertigen wir uns einen Kasten (7 × 8 × 12 cm) an, der an zwei gegenüberliegenden Seiten offen bleibt. An diesen offenen Flächen wird der Rahmen so gefalzt, daß zwei passende Glasplatten, die hier in den Falz hineingeschoben werden, die Kammer völlig abschließen. In 2 gegenüberliegende Holzseitenflächen bohren wir je ein Loch, um einen Luftaustausch zur Kammer hin zu ermöglichen. Dann werden die Holzteile zum Schutz gegen Feuchtigkeit gefirnist oder mit Ölfarbe gestrichen.

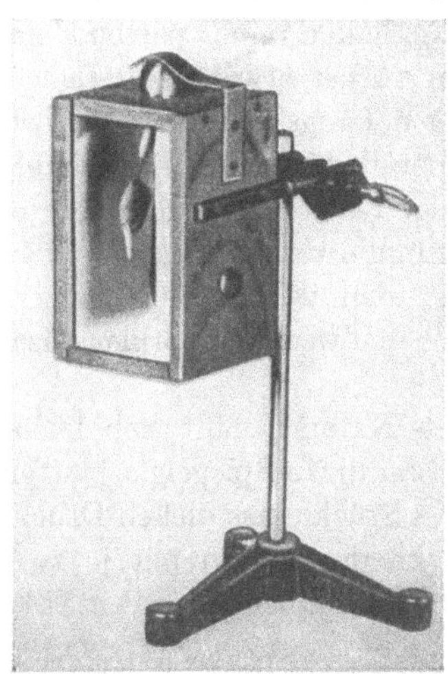

Abb. 61. Wurzelkasten nach H. U. AMLONG (Orig.).

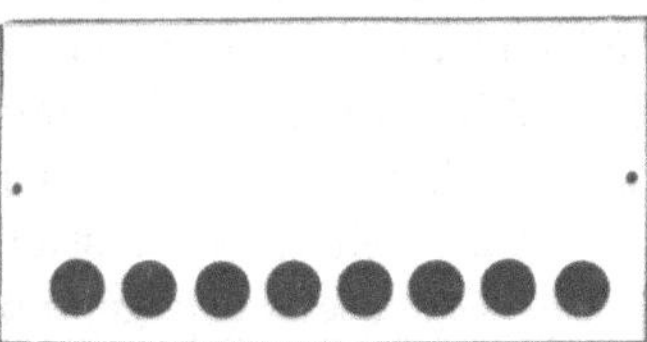

Abb. 62. Cellonplatte mit eingebohrten Löchern für eine feuchte Kammer (Orig.).

An dem Rahmen befestigen wir seitlich einen Metallstab, mit dem wir den Kasten in beliebiger Lage an einem Stativ festklemmen können (Abb. 61).

Um die Wurzel in der Kammer in bestimmter Lage halten zu können, bauen wir uns folgende Vorrichtung: Die obere Deckelfläche des Holzrahmens wird durchbohrt und durch das Loch eine zu einer langen, spitzen Nadel ausgezogene Metallkugel (Durchmesser etwa 2 cm) gesteckt. Neben der Einführungsstelle der Nadel befestigen wir außen am Kasten einen Streifen aus starkem Federblech, der über die Kugel greift und diese gegen den Holzrahmen preßt. Wird nun z. B. ein *Vicia faba*-Keimling auf die in die Kammer hineinragende Nadel gespießt, können wir durch Drehen der außerhalb des Kastens befindlichen Kugel die Keimwurzel leicht in genau vertikale Lage bringen.

Dann legen wir an die Holzwände des Kastens einen doppelten bis dreifachen, angefeuchteten Filterpapierstreifen und erhalten so einen feuchten Raum, der sich für Beobachtungen des Wurzelwachstums vorzüglich eignet. (Nach Angaben von H. U. AMLONG, Abb. 61.)

Die eben beschriebene Kammer läßt die Untersuchung von nur einer Wurzel zur Zeit zu. Für viele Versuche ist aber die gleichzeitige Untersuchung von mehreren Wurzeln unter gleichen äußeren Bedingungen erforderlich. Dazu benutzen wir eine schmale Küvette mit möglichst ebenen Glaswänden. Steht keine planparallele Küvette, sondern nur eine aus Preßglas gefertigte zur Verfügung, kleben wir auf die Innen- und Außenfläche einer Breitseite mit Glycerin oder Kanadabalsam eine passende, abgewaschene photographische Glasplatte. Dann hängen wir in die Küvette, die an den Schmalseiten mit 2—3 Lagen von angefeuchtetem Filtrierpapier belegt wurde, an 2 Messinghaken eine passend zugeschnittene Cellonplatte. In diese wurden vorher etwa 8—10 Löcher von 2—3 mm Durchmesser parallel der einen Längskante gebohrt, wie es Abb. 62 zeigt. Durch die einzelnen Löcher stecken wir nun die Wurzeln der Keimlinge und fixieren diese oberhalb der Platte mit angefeuchteter Watte so, daß die Wurzeln genau senkrecht in die Kammer hineinragen. Um das Beschlagen der Glasflächen zu vermeiden, werden sie mit einem solchen Stift eingerieben, wie er zum gleichen Zweck für Brillengläser verwendet wird.

Eine feuchte und zugleich wasserdichte Kammer läßt sich leicht auch folgendermaßen herstellen: Zwischen zwei dicke Spiegelglasplatten (7 × 10 cm) legen wir ein U-förmig gebogenes Stück eines dicken Druckschlauches. Dann werden die Glasplatten an den Seiten mit je zwei etwa 1,5 cm breiten Metallstreifen durch Schrauben gleichmäßig gegen den Druckschlauch gepreßt.

24. Lichtthermostat.

Für die meisten entwicklungsphysiologischen Versuche ist ein temperaturkonstanter Raum, in den Tages- oder auch künstliches Licht ungehemmt einfallen kann, erforderlich. Dazu habe ich vor einigen Jahren einen Lichtthermostaten gebaut und dessen Konstruktion bereits in der Zeitschrift „Der Biologe“ 11, 68 (1942) bekanntgegeben (Abb. 63). Auf die Einzelheiten braucht hier daher nicht näher eingegangen zu werden. Im wesentlichen gleicht der Thermostat einer mit einer Doppeltür versehenen Kiste, deren Seiten aber, mit Ausnahme des Grundbrettes, große, freie Flächen enthalten, in die Glasscheiben eingesetzt werden. Der Rahmen wird von einem Tischler aus zölligem Holz angefertigt. Als Böden für den Innenraum verwendete ich dreiteilige Roste aus 1 cm dicken Vierkantstäben, die mit je drei schmalen Brettern im Abstand von 1 cm zusammengehalten werden. Die Roste ruhen auf 2 Querstäben, die in Zahnleisten auf verschiedene Höhe eingestellt werden können. Die elektrische Heizeinrichtung, bestehend aus zwei parallel geschalteten Heizgittern, einem Relais und einem Kontaktthermometer, wird von einer in Frage kommenden Elektro-Firma bezogen. Die Heizgitter werden in 2 Eisenrahmen eingelegt und auf einer Asbestplatte auf das Grundbrett des Thermostaten gestellt. Das Kontaktthermometer führen wir durch das obere Durchlüftungsloch in den Thermostaten ein, so daß die abströmende Luft an der Quecksilberkugel vorbeistreichen muß. Über dem Heizgitter bringen wir 2 Asbestplatten so an, daß ein Zug wie in einem Kachelofen gebildet wird.

Abb. 63. Lichtthermostat (Orig.).

Um Übertemperaturen bis zu 20° in einem Raum von 70 × 70 × 50 cm zu erreichen, bestellen wir uns bei der Firma zwei parallel geschaltete Gitter mit je 500 Watt Heizleistung.

Der Apparat arbeitet bei mir bereits seit mehreren Jahren sehr sicher und zufriedenstellend. Die Temperaturschwankungen sind in diesem selbstgebauten Thermostaten kaum größer als in einem gekauften. Dafür bietet er aber in seiner praktischen Anwendung für unsere Versuche gegenüber einem solchen so manchen Vorteil.

25. Laboratoriumstische.

Für Laboratoriumsarbeiten ist sehr oft ein Tisch mit einer Schaufenster- oder Spiegelglasplatte erwünscht. Die Glasplatte wird mit einem ölhaltigen Lack auf der Unterseite zu $^2/_3$ der Fläche weiß, zu $^1/_3$ schwarz gestrichen und auf die ebene Platte eines normalen Holztisches gelegt und hier mit Klemmen seitlich festgehalten.

Die vom Tischler ungebeizt gelieferten Labortischplatten aus gut abgelagertem Eichenholz behandeln wir, um sie gegen Chemikalien widerstandsfähiger zu machen, nach Wortmann folgendermaßen: Die Holzteile werden zunächst mit einer Lösung I gestrichen, die sich aus 100 g $CuSO_4$, 50 g $KClO_3$ und 615 ccm Wasser zusammensetzt. Ist diese Lösung in das Holz eingedrungen und die Platte an der Oberfläche wieder getrocknet, dann erfolgt ein Anstrich mit einer Lösung II aus 100 g salzsaurem Anilin, 40 g NH_4Cl und 615 ccm Wasser. Ist auch diese eingezogen, streichen wir wieder mit der Lösung I usw., bis alle Flächen dreimal mit beiden Lösungen behandelt sind. Auf den zunächst grünen Flächen scheiden sich reichlich Kristalle ab, die mit Wasser abgewaschen werden müssen. Nach dem Trocknen reiben wir alle Flächen der nun schwarzen Tische einmal mit gekochtem Leinöl ein und waschen sie dann nochmals mit Wasser und Seife ab.

26. Übersicht über einige Maßeinheiten.

a) Längeneinheiten:

1 km = 10^3 m = 1000 m (Meter)
1 m = 100 cm (Zentimeter)
1 cm = 10^{-2} m = 10 mm (Millimeter)
1 mm = 10^{-3} m = 1000 μ (Mikron, my)
1 μ = 10^{-6} m = 1000 mμ (Millimy)
1 mμ = 10^{-9} m = 10 ÅE (Ångström-Einheiten)
1 ÅE = 10^{-10} m

b) Gewichtseinheiten:

1 kg = 10^3 g = 1000 g (Gramm)
1 g = 1000 mg (Milligramm)
1 mg = 10^{-3} g = 1000 γ (Gamma)
1 γ = 10^{-6} g
10 g/l = 1% (Prozent)
1 mg/l = 1 p.p.m. (part per million)

Soweit nicht anders gesagt, bedeutet:

10^{-2} β-Indolylessigsäure = in 100 ccm Lösung 1 g β-Indolylessigsäure
10^{-4} β-Indolylessigsäure = in 100 ccm Lösung 0,01 g β-Indolylessigsäure.

c) Zeiteinheiten:

1 d = 24 h (Stunde)
1 h = 60′ (Minute)
1′ = 60″ (Sekunde)

d) Temperaturskalen:

	Eispunkt	Siedepunkt
	des Wassers	
Réaumur	0° R	80° R
Celsius	0° C	100° C
Fahrenheit	32° F	212° F

Die Umrechnungen von Réaumur und Fahrenheit auf die heute allgemein übliche, hier in diesen „Übungen" allgemein benutzte Temperaturskala von Celsius erfolgt nach untenstehenden Formeln:

$$n° R = \frac{5}{4} n° C \quad \text{und} \quad n° F = \frac{5}{9} (n - 32)° C$$

Verzeichnis der Versuchspflanzen.

Sachverzeichnis.

721/136/50.
(III/18/203)

Zeitfracht Medien GmbH
Ferdinand-Jühlke-Straße 7
99095 Erfurt, Deutschland
produktsicherheit@kolibri360.de